高职高专系列教材

石油化工装置仿真实训

马祥麟　主　编

中国石化出版社

内 容 提 要

本书是石油化工类高等职业技术院校石油化工、石油加工、应用化工等专业的一门重要专业实训课程。重点训练学生掌握开车、停车、事故处理等过程的实际操作方法，为学生走向工作岗位打下良好基础。

本书介绍石化专业常用装置的开车、停车、事故处理等仿真实训项目。主要叙述合成氨装置、原油常减压装置、乙烯生产装置的基本生产过程，着重阐述上述装置仿真操作过程。

本书适用于石油化工类相关专业的本科、专科学生使用，也可用于现场培训教学。

图书在版编目(CIP)数据

石油化工装置仿真实训/马祥麟主编.—北京:中国石化出版社,2007(2019.10 重印)
(高职高专系列教材)
ISBN 978-7-80229-378-6

Ⅰ.石… Ⅱ.马… Ⅲ.石油化工-化工设备-仿真-高等学校:技术学校-教材 Ⅳ.TE9

中国版本图书馆 CIP 数据核字(2007)第 105201 号

中国石化出版社出版发行
地址:北京市东城区安定门外大街 58 号
邮编:100011 电话:(010)57512500
发行部电话:(010)57512575
http://www.sinopec-press.com
E-mail:press@sinopec.com
北京科信印刷有限公司印刷
全国各地新华书店经销
*
850×1168 毫米 32 开本 5 印张 129 千字
2019 年 10 月第 1 版第 5 次印刷
定价:15.00 元

《石油化工装置仿真实训》
编写委员会

主 任 委 员：汝宇林

副主任委员：史文权　冯文成

委　　　员：马祥麟　罗资琴　杨西萍

侯　侠　王焕梅　齐晓春

程志刚

前　言

为适应我国经济和社会的发展，职业技术教育更加注重增强学生的实践能力和动手能力，提高学生的职业素质和职业能力。我们根据石油化工职业技术教育的特点，为使学生掌握较全面的石化装置仿真操作技术，为走向石化行业和相关行业打下坚实的基础，组织编写了《石油化工装置仿真实训》一书。

《石油化工装置仿真实训》是石油、化工类高等职业技术院校石油化工、石油加工、化工等专业的一门重要专业实训课程，包括石油、化工典型的生产过程的基本原理、典型设备的结构及强化开车、停车、事故处理的实际操作方法，为学生走向工作岗位打下良好基础。所以，该课程的实践性强，它不仅有完整的理论体系，又有独特的实践研究方法。它的教学除了系统地讲授基础理论外，还必须进行实训操作教学，以加深学生对所学理论知识的理解，培养学生的动手能力及运用理论知识发现问题、分析问题和解决问题的能力，提高学生的职业技能，更好地完成培养目标。其主要任务如下：

（1）培养学生严肃认真的科学态度和严谨的工作作风；

（2）培养学生敏锐的观察能力、收集数据能力、分析归纳数据能力；

（3）培养学生理论联系实际能力及分析问题、解决问题的能力；

（4）培养学生寻求适宜优化操作条件、探索强化过程方向及技术革新改造的初步能力；

(5) 训练学生熟练掌握石化装置仿真的操作方法及相关技术参数，排除生产故障，优化生产操作过程的能力。

《石油化工装置仿真实训》包括了石油化工生产中的典型过程：合成氨装置、常减压装置、乙烯裂解装置的基本生产过程。本书由兰州石化职业技术学院副院长汝宇林总体设计策划，石油化学工程系和教务处共同组织编写。马祥麟编写合成氨装置转化和氨合成部分；侯侠编写合成氨装置的净化部分；罗资琴编写常减压装置部分；杨西萍编写乙烯裂解部分。本书由马祥麟负责统稿。石油化学工程系史文权、冯文成、王焕梅等参与了全书的审定工作。

限于编者水平，错误缺点在所难免，敬请读者批评指正。

《石油化工装置仿真实训》编委会

目　录

第一章　合成氨装置系统——转化工段

第一节　装置概况

一、工艺流程简述

1. 概述

转化工段包括下列主要部分：

原料气脱硫；

原料气的一段蒸汽转化；

转化气的二段转化；

变换；

给水、炉水、蒸汽系统。

2. 原料气的脱硫

来自厂外配气站的天然气经 FQ-30 计量，在原料气余热器(141-C)中被低压蒸汽预热后，进入活性炭脱硫槽(101-DA、102-DA 一用一备)，进行初脱硫后，经压缩机(102-J)加压。在一段炉对流段低温段加热到 230℃左右与 103-J 段间来氢混合后进入 Co-Mo 加氢和氧化锌脱硫槽(108-D)终脱硫后，天然气中的总硫≤0.1μg/g。

3. 原料气的一段蒸汽转化

脱硫后的原料气与中压蒸汽混合后，经对流段高温加热后，进入一段炉(101-B)的 336 根触媒反应管进行蒸汽转化，管外由顶部的 144 个烧嘴提供反应热，经一段转化后，气体中残余甲烷在 9.5%~10%左右。

4. 转化气的二段转化

一段转化气进入二段炉(103-D)，在二段炉中同时送入工艺空气，工艺空气来自空气压缩机(101-J)加入少量中压蒸汽并经对流段高温段预热，转化气中的H_2和空气中的氧燃烧产生的热量供给转化气中的甲烷在二段炉触媒中进一步转化，出二段炉的工艺气残余甲烷含量在0.3%左右，经并联的两台第一废热锅炉回收热量，再经第二废热锅炉进一步回收余热后，送去变换。

5. 变换

由第二废热锅炉来的转化气约含有12%～14%CO，进入高变炉(104-DA)，在高变催化剂的作用下将部分CO转化成CO_2，经高温变换后CO含量降到3%左右，然后经第三废热锅炉(103-C)回收部分热能，经换热器(104-C)进入低变炉(104-DB)在低变触媒的作用下将其余CO转化为CO_2，出低变炉的工艺气中CO含量约为0.3%左右。

6. 给水、炉水、蒸汽系统

合成氨装置开车时，将从界外引入3.8MPa、327℃的中压蒸汽约50t/h。辅助锅炉和废热锅炉所用的脱盐水从水处理车间引入，用并联的低变出口气加热器(106-C)和甲烷化出口气加热器(134-C)余热到100℃左右，进入除氧器(101-U)脱氧段，在脱氧段用低压蒸汽脱除水中溶解氧后，然后在储水段加入二甲基酮污除去残余溶解氧。最终溶解氧含量小于7μg/g。

除氧水加入氨水调节pH值至8.5～9.2，经锅炉给水泵104-J/JB，再经并联的合成气加热器(123-C)，甲烷化气加热器(114-C)及一段炉对流段低温段锅炉给水预热盘管加热到295℃左右进入汽包(101-F)，同时在汽包中加入磷酸盐溶液，汽包底部水经101-CA/CB、102-C、103-C、一段炉对流段低温段废热锅炉及辅助锅炉加热部分汽化后进入汽包，经汽包分离出的饱和蒸汽在一段炉对流段过热后送至103-JAT，经103-JAT

抽出 3.8MPa、327℃中压蒸汽，供各中压蒸汽用户使用。103-JAT 停运时，高压蒸汽经减压，全部进入中压蒸汽管网，中压蒸汽一部分供工艺使用、一部分供凝汽透平使用，其余供背压透平使用，并产生低压蒸汽，供 111-C、101-U 使用，其余为伴热使用。在这个公段中，综合脱水反应是在三个串联的反应器中进行的，接着是一台分层器，用来把有机物从液流中分离出来。

二、工艺仿真范围

本转化装置转化工段仿真以主工艺物流的工艺过程和设备为主，对于公用工程和附属系统不进行过程定量模拟，只作事故定性仿真(如：停冷却水，停蒸汽等)，具体包括如下过程在内：原料气脱硫，原料气的一段蒸汽转化，转化气的二段转化，变换，给水、炉水、蒸汽系统。

由于本仿真系统主要以仿 DCS 操作为主，因而在不影响操作的前提下，对一些不很重要的现场操作进行简化。简化主要内容：不重要的间歇操作，部分现场手阀，现场盲板拆装，现场分析及现场临时管线拆装等等。另外，根据实际操作需要，对一些重要的现场操作也进行了模拟，并根据 DCS 画面设计一些现场图，在此操作画面上进行部分重要现场阀的开关和泵的启动停止。对 DCS 的模拟，以宁夏化工厂提供的 DCS 画面和操作规程为依据，并对重要回路和关键设备在现场图进行补充。图 1-1 为转化工段仿真培训软件大概内容(现场画面见附图)。

三、控制回路一览表

本转化装置转化工段仿真培训系统涉及到的仪表控制回路的详细内容见表 1-1，该表给出了仪表回路的位号、回路描述、工程单位、正常设定及正常输出。这些内容仅供操作参考。

转化工段

- 原料气脱硫
  - 141－C
  - 102－DA
  - 101－DA
  - 102－DA
  - 108－DA
- 一段转化
  - 101－B
- 二段转化
  - 103－D
  - 101－J
- 变换
  - 104－DA
  - 103－C
  - 104－C
  - 104－CB
- 蒸汽变换系统
  - 101－CA
  - 101－CB
  - 103－C
  - 102－C
  - 101－F
  - 101－C
  - 106－C
  - 131－C
  - 123－C
  - 111－C

图 1-1　转化工段工艺仿真范围示意图

表 1-1　转化工段仪表回路一览表

	回路名称	回 路 描 述	工程单位	设定值	输　出
原料气脱硫	PRC1	原料气入口压力控制	MPa	1. 82	50
	PRC102	102-J 出口压力控制	MPa	3. 86	50
	PRC69	102-J 入口压力控制	MPa	1. 82	50
	FIC12	102-J 防喘震流量控制	kg/h	0	50
	FRCA1	102-J 出口流量控制	kg/h	24556	50
	FRCA2	101-B 进蒸汽量控制	kg/h	67000	50
	FFC2	水碳比例控制		3. 5	50
	PRC1018	101-F 压力控制	MPa	106	50
	AICRA6	辅锅氧含量控制	%	3	50
	FIC1003	锅炉进风量控制	kg/h	7611	50
	PICAS103	101-BJA 出口压力控制	MPa	1147	50
	PRCA19	101B 压力控制	MPa	-50	50
	PRC34	燃气进料总压力控制	MPa	0. 8	50
	FRC1002	辅锅燃气进量控制	kg/h	2128	50
	FIC1004	过热烧嘴风量控制	kg/h	15510	50
	TICA1238	过热蒸汽温度控制	DEGC	445	50
	FIC1237	过热烧嘴燃气量控制	kg/h	320	50
	AICRA6	辅锅氧含量控制	%	3	50
	PICA21	辅锅压力控制	MPa	-50	50

续表

	回路名称	回路描述	工程单位	设定值	输出
二段转化	FRCA3	二段转化气进空气流量控制	kg/h	33757	50
	FRCA4	101-J 出口总流量控制	kg/h	33757	50
	TRCA104	进 104-DA 温度控制	DEGC	371	50
	TRCA11	进 104-DB 物料温度控制	kg/h	240	0
	LICA22	101-U 液位控制	%	50	50
	LRCA76	101F 液位控制	%	50	50
蒸汽生产	回路名称	回路描述	工程单位	设定值	输出
	PIC13	MS 压力控制	MPa	3.865	50
	PIC14	50#蒸汽压力控制	MPa	0.34	50
	PIC17	20#蒸汽压力控制	MPa	1.378	50
	PIC25	545#蒸汽压力控制	MPa	0.34	50
	LICA2	135-JC	%	50	50

第二节 装置冷态开工过程

一、引 DW、除氧器 101-U 建立液位

（1）现场开预热器 106-C、134-C 入口总阀。

（2）开入 106-C 阀。

（3）开入 134-C 阀。

（4）开 106-C、134-C 出口总阀。

（5）开 LICA-23、现场开 101-U 底排污阀 LICA-24，当 LICA-23 达 60%投自动。

二、开 104-J、汽包 101-F 建液位

（1）现场开 101-U 顶部放空阀。

（2）现场开低压蒸汽进 101-U 阀 PCV-229。

（3）开加 DMKO 阀，以利于分析 101-U 水中氧含量。

（4）开 104-J 出口总阀 MIC-12。

(5) 开 MIC-1024。

(6) 开 SP-7(到辅操台按“SP-7”开按钮),现场开加 NH_3阀。

(7) 开 104-J/JB。

① 开入口阀。

② 开平衡阀。

③ 开流阀。

④ 开 104-J 的透平 MIC-27/28,启动 104-J/JB。

⑤ 开 104-J 出口小旁路,控制 LICA-1(即 LRCA76 50%投自动)在 50%。

三、开 101-BJ、101-BU 点火升温

(1) 开风门 MIC-30,开 MIC-31。

(2) 开 AICRA8,控制氧含量。

(3) 开 PICA21,控制辅锅炉膛负压。

(4) 全开顶部烧嘴风门(点火现场 1、点火现场 2 的 1~9 排空气阀)。

(5) 现场先开一段炉引风机 101-BJ。

(6) 再开 PRCA19,控制 PICA19 与 PICA21 在-50Pa 左右。

(7) 到辅操台按“启动吹扫”按钮。

(8) 到辅操台把 101-B 工艺总联锁开关打旁路。

(9) 现场开燃料气进料总压力控制 PRC-34 后截止阀。

(10) 在燃料气系统图上全开 PCV36。

(11) 把燃料气进料总压力控制 PRC-34 设在 0.8MPa 投自动。

(12) 开点火烧嘴阀门(点火现场 3 从上往下数第 3 排从左往右数 2、4、6 阀)。

(13) 按点火启动按钮(点火现场 3 从上往下数第 3 排 2、4、6 阀下方的方块)。

(14) 开主火嘴阀门(点火现场 3 从上往下数第 3 排从左往右数 1、3、5 阀)。

(15) 在燃料气系统图上开 FRC1002，并全开 MIC1284，MIC1274，MIC1264。

(16) 在辅操台上按“蒸汽温度高复位”按钮、“101-F 液位低复位”按钮、“允许 101-BU 就地点火”按钮。

(17) 101-BU 升温、升压(水、蒸汽系统图)。

① 在升压前，稍开 101-F 顶部 2 寸管放空阀，当产汽后加 Na_3PO_4。

② 现场开过热蒸汽总阀。

③ 当 PI-90>0.4MPa 时，开 101-F 蒸汽出口大阀，用过热蒸汽总阀控制升压。

④ 当 PI-90 达 6.3MPa、TRCA-1238 比 TII-34 大 50~80℃时，进行安全阀试跳。

四、108-D 升温、硫化

(1) 现场全开 101-DA 进出口阀。

(2) 现场全开 102-J 大副线。

(3) 在辅操台上按“SP-2 复位”按钮和“SP-2B 开”按钮。

(4) 稍开 102-J 出口流量控制阀 FRCA1。

(5) 现场全开 108-D 入口阀。

(6) 现场全开入界区 NG 大阀。

(7) 稍开原料气入口压力控制 PRC1。

(8) 现场开 108-D 出口放空。

(9) 将 FRCA1 缓慢提升至 30%(7367Nm^3/h)。

(10) 开现场 141-C 的低压蒸汽，将 TII-1 加热到40~50℃。

(11) 当 TI-109 为 200℃时，开界外加氢阀。

(12) 当 AR-4<0.5μg/g 稳定后，准备投料。

五、空气升温(二段转化及高低变)

(1) 开二段转化炉 103-D 工艺气出口阀 HCV-8。

(2) 开 TRCA10、TRCA。

(3) 启动 101-J。

① 投 101-J 段间换热器 CW。

② 按辅操台上“FCV-4、4A 复位”按钮。

③ 全开空气入口打阀。

④ 开 101-J 透平 SIC-101。

⑤ 按辅操台上“101-J 启动复位”按钮。

(4) 控制 PR-112 在 106MPa。

(5) 开空气升温阀充压。

(6) 当 P1-63 升到 0. 2~0. 3MPa 时，渐开 MIC-26，保持 P1-63<0. 3MPa。

(7) 开 SP-3 旁路，加热 103-D。

(8) 当温升速度减慢时，点火嘴。

① 在辅操台上按“101-B 燃料气复位”按钮。

② 开炉顶烧嘴燃料气控制阀 MIC-1、2、3、4、5、6、7、8、9。

③ 开一到九排点火抢。

④ 开一到九排顶部烧嘴考克阀。

(9) 当 TR1-105 达 200℃、TR1-109 达 140℃后，准备 MS 升温。

六、MS 升温(二段转化及高低变)

(1) 到辅操台按“SP-6 开”按钮。

(2) 渐关空气升温阀。

(3) 开通 MS 进 101-B 的线路。

(4) 开进 101-B 蒸汽量控制 FICA-2 到 2. 5~4t/h。

（5）控制 PI-63<0.3MPa。

（6）当关死空气升温阀后，到辅操台停 101-J。

（7）开 MIC-19 向 103-D 进中压蒸汽，使 FI-51 在1～2t/h。

（8）当 TRI-109 达 160℃后，调整 FRCA-2 为 9.3t/h。

（9）调整 MIC-19，使 FI-51 在 2.5～3t/h。

（10）当 TRI-109 达 190℃后，调整 PI-63 为0.7～0.8MPa。

（11）在 TRI-80/83 达 400℃以前，FRCA-2 提至 32～35t/h，FI-51 为 4.5t/h。

（12）将 TRI-105 提升至 760℃。

（13）投用 TRCA-10，调整 TII-6 不大于 280℃。

七、投料(一段转化炉)

（1）开 102-J。

① 到辅操台按“102-J 启动复位”按钮。

② 现场投 102-J 段间冷凝器 130-C 的 CW 水。

③ 102-J 防喘震控制阀 FIC-12 打开。

④ 开 PIC-69，设定在 1.5MPa 投自动。

⑤ 现场全开 102-J 出口阀。

⑥ 开 102-J 透平控制阀 PRC-102。

（2）关 102-J 大副线。

（3）当 PRC-102>103-D 压力时，渐开 108-D 入炉阀。

（4）渐关 108-D 出口放空，投料至 FRCA-1 达 30%。

（5）FRCA-1 加负荷 70%（19645Nm^3/h）。

八、加空气(二段转化及高低变)

（1）到辅操台按“停 101-J”按钮，使该按钮处于不按下状态。

（2）启动 101-J 复位，使 PR-112>103-D 压力后投空气。

（3）渐开 SP-3。

① 在辅操台上按“SP-3 复位”按钮。

② 按“SP-3 开”按钮。

（4）SP-3 打开后，逐渐关小 FRCA-4。

（5）各床层温度正常后（一段炉 TRI-105 控制在 853℃左右，二段炉 TRI-108 控制在 1100℃左右，高变在 400℃），先开 SP-5 旁路均压后，再到辅操台按“SP-5”按钮，然后关 SP-5 旁路，调整 PI-63 到正常压力 2.93MPa。

（6）逐渐关小 MIC-26。

九、串低变（二段转化及高低变）

（1）现场开 SP-4 副线充压。

（2）全开低变出口阀。

（3）关副线阀。

（4）到辅操台按“SP-4”按钮，打开 SP-4。

（5）到辅操台按“SP-5”按钮，关闭 SP-5。

（6）调整 TRCA-11 控制 TII-11 在 225℃。

十、其他

（1）开一段炉鼓风机 101-BJA。

（2）101-BJA 出口压力控制 PICAS-103 达 1147Pa。投自动。

（3）开辅锅进风量调节 FIC-1003。

（4）调整 101-B、101-BU 氧含量正常：AICRA-6 为 3%、AICRA-8 为 2.98%。

① 当低变合格后，若负荷加至 80%，点过热烧嘴。

② 开过热烧嘴风量控制 FIC-1004。

③ 到辅操台按“过热烧嘴复位”按钮。

④ 开过热烧嘴阀门。

⑤ 在燃料气系统图上打开燃料气去过热烧嘴流量控制 FIC1237。

⑥ 到辅操台按“允许过热烧嘴就地点火”按钮。

(5) 当过热烧嘴点着后，改加 H_2。

(6) 关事故风门 MIC30，MIC31(1-4)。

(7) 负荷从 80%加至 100%。

① 加 FRCA-2 的量。

② 加 FICA-1 的量。

③ 加 FG 的量。

④ 加 FRCA-3 的量。

(8) 当负荷加至 100%正常后，投用联锁。

(9) 点烟道气烧嘴

① 开进烟道烧嘴燃料气控制 MIC-10。

② 开烟道烧嘴点火枪。

③ 开烟道烧嘴阀门。

(10) 投驰放气，开 SP-34。

第三节　正常操作规程

一、正常操作要点

(1) 加减负荷顺序：

加负荷：蒸汽、原料气、燃料气、空气。

减负荷：燃料气、空气、原料气、蒸汽。

(2) 加减负荷要点

(3) 加减量均以原料气量 FRCA-1 为准，每次 2~3t/h，间隔 4~5 分钟，其他原料按比例加减。

二、转化岗位主要指标

转化岗位主要指标见表1-2~表1-5。

表1-2　温度设计值

序号	位　　号	说　　明	设计值/℃
1	TRCA-10	104-DA入口温度控制	370
2	TRCA-11	104-DB入口温度控制	240
3	TRCA-1238	过热蒸汽温度控制	445
4	TR-1-105	101-B出口温度控制	853
5	TI-1-2	工艺蒸汽	327
6	TI-1-3	辐射段原料入口	490
7	TI-1-4	二段炉入口空气	482
8	TI-1-34	汽包出口	314
9	TIA-37	原料预热盘管出口	232
10	TI-1-54	101-BU烟气	700
11	TI-1-57-65	辐射段烟气	1060
12	TR-80、83	101-CB/CA入口	1000
13	TR-81、82	101-CB/CA出口	482
14	TR-1-109	高变炉底层	429
15	TR-1-110	低变炉底层	251
16	TI-1-1	141-C原料气出口温度	40

表1-3　压力设计值

序号	位　　号	说　　明	设计压力值
1	PIC-4	原料气压控制	1.569MPa
2	PIC-34	燃料气压控制	0.80MPa
3	PRC-1018	101-F压力控制	10.50MPa
4	PICA-19	101-B炉膛气压控制	-50Pa
5	PRCA-21	101-BU炉膛气压控制	-20Pa
6	PICAS-103	总风道压控制	1147Pa
7	PIC-25	中压蒸汽放空	3.865MPa
8	PRC-102	102-J出口压控	3.95MPa
9	PR-112	101-J出口压力控制	3.21MPa
10	PI-63	104-C出口压力	2.92MPa
11	PIA-84	低压蒸汽压力	0.34MPa
12	PA-1257	101-BU燃料气压力	0.64MPa

表 1-4　流量设计值

序号	位　　号	说　　明	设计值
1	FICA-1	入 101-B 原料气	24556Nm³/h
2	FICA-2	入 101-B 蒸汽	69.57t/h
	FI-2B	102-B 开工加热炉燃料气	900Nm³/h
3	FICA-3	入 103-D 空气	33757Nm³/h
4	FR-30	入界区原料气	24556Nm³/h
5	FR-32/FR-34	燃料气流量	14382Nm³/h
6	FRC-1002	101-BU 燃料气	2128Nm³/h
7	FIC-1237	混合燃料气去过热烧嘴	320Nm³/h
8	FR-33	101-F 产气量	224091t/h
9	FRA-410	锅炉给水流量	229.21t/h
10	FIC-1003	去 101-BU 助燃空气	7611Nm³/h
11	FIC-1004	去过热烧嘴助燃空气	15510Nm³/h
12	FLA-67	氢气去 108-D	1590Nm³/h
13	FI-96	驰放气流量	3140Nm³/h
14	FIA-1024	去锅炉给水预热盘管水量	51t/h
15	FRC-20B	105-J 抽气量	6.279t/h

表 1-5　其他

序号	位　　号	说　　明	设计值/%
1	LR-1	101-F 液位控制	50.0
2	LAH-102	156-F 液位	50.0
3	LICA-23	101-U 液位	60.0
4	LLI-9	101-F 液位	50.0
5	AICR-6	101-BU 烟道气氧含量	3

第四节　装置正常停车过程

一、停车前的准备工作

（1）按要求准备好所需的盲板和垫片。

（2）将引 N_2 胶带准备好。

（3）如触媒需更换，应做好更换前的准备工作。

(4) N_2纯度≥99.8%(O_2含量≤0.2%)，压力>0.3MPa，在停车检修中，一直不能中断。

二、停车期间分析项目

(1) 停工期间，N_2纯度每两小时分析一次，O_2纯度≯0.2%为合格。

(2) 系统置换期间，根据需要随时取样分析。

(3) N_2置换标准：

转化系统：CH_4<0.5%。

驰放气系统：CH_4<0.5%。

(4) 蒸汽、水系统。

在101-BU灭火之前以常规分析为准，控制指标在规定范围内，必要时取样分析。

三、停工期间注意事项

(1) 停工期间要注意安全，穿戴劳保用品，防止出现各类人身事故。

(2) 停工期间要做到不超压、不憋压、安全平稳停车。注意工艺指标不能超过设定值，控制降压速度不得超过0.05MPa/min。

(3) 做好催化剂的保护，防止水泡、氧化等，停工期间要一直充N_2保护在正压以上。

四、停车步骤

接到调度停车命令后，先在辅操台上把工艺联锁开关置为旁路。

1. 工艺气停车

(1) 关SP-34，关一段炉、烟道、过热烧嘴、驰放气阀LLV30。

（2）总控降低生产负荷至正常的75%。

（3）在辅操台上按“停过热烧嘴”按钮，关各过热烧嘴阀。

（4）关MIC10，停烟道气烧嘴燃料气，关各烟道烧嘴阀。

（5）当生产负荷降到75%左右时，切低变，开SP-5全开后关SP-4，关低变出口大阀。

（6）关SP-5，开MIC26，使工艺气在MIC26处放空。

（7）逐渐打开FIC-4，使空气在FIC-4放空，逐渐切除进103-D的空气。

（8）全开MIC-19，空气完全切除后关SP-3。

（9）切除空气后，系统继续减负荷，根据炉温逐个关烧嘴。

（10）在符合降至50%~70%条件时，逐渐打开事故风门MIC-30、MIC-31。

（11）停101-BJA，关闭PICAS103。

（12）开101-BJ，保持PRCA-19在-50Pa、PICA-21在-25Pa以上，保证101-B能够充分燃烧。

（13）在负荷减至25%时，FRCA-2保持47t/h，开102-J大副线阀，停102-J，现场开108-D出口放空。

（14）当TI-1-105降至600℃时，将FRCA-2降至20t/h。

（15）TR-1-105降至350~400℃时，切除蒸汽。

（16）蒸汽切除后，关死FRCA-2，SP-6。

（17）关MIC-19。

（18）在蒸汽切除的同时，在辅操台上按“停101-B燃料器”按钮，一段炉顶部烧嘴全部熄灭，关烧嘴阀，自然降温。

2. 脱硫系统停车

（1）108-D降温至200℃，可切除108-D加氢。

（2）关闭PRC1，关原料气入界区NG大阀。

（3）当108-D温度降至40℃以下时，关放空阀和原料气进108-D大阀。

（4）关进101-DA/102-DA的原料天然气。

（5）切除 141-C。

3. 辅锅和蒸汽系统停车

（1）降低辅锅的压力至 6.3MPa。

（2）101-B 切除原料气后，根据蒸汽情况减辅锅 TR-54 温度。

（3）待辅锅燃料气压力低于 6.3MPa 时，关主烧嘴和点火烧嘴燃料气阀。

（4）当 101-F HS 压力降至 0.4MPa 时改由顶部 2 寸放空阀放空。关过热蒸汽放空阀。

（5）停加 Na_3PO_3。

（6）停 104-J，关 MIC1024，停止向 101-F 进液。

（7）停加 DMKO 和 NH_3。

（8）关闭 LICA23，停止向 101-U 进液。

（9）当 101-BU 灭火后，TRI-105<80℃时，可停101-BJ。

（10）关闭 PRCA19，PRCA21。

4. 燃料气系统停车

（1）101-B 和 101-BU 灭火后，关死 PRC-34 及前后截止阀。

（2）关闭 FIC1237 和 FRC1002。

第五节　事故处理

一、101-J 压缩机故障

（1）如由 101-J 压缩机故障使工艺空气中断。

（2）总控立即关死 SP-3，转化岗位现场检查是否关死。

（3）切低变、开 SP-5、SP-5 全开后，关 SP-4、关出口大阀。

（4）总控全开 MIC-19。

(5) 转化岗位关 SP-34 切除进入一段炉，烟道，过热烧嘴驰放气。

(6) 总控视情况适当降低生产负荷，防止一段炉及对流段盘管超温。

(7) 如空气盘管出口 TR-4 仍超温，熄灭烟道烧嘴。

(8) 如 TRC-1238 超温，逐渐熄灭过烧嘴。

(9) 加氢由 103-J 段间改为一套来 H_2(103-J 如停)。与此同时，总控开 PRC-5，关 MIC-21、103-J 打循环，如工艺空气不能在很短时间内恢复就应停车，以节省蒸汽，保证溶液循环，防止溶液稀释。当故障消除后，应立即恢复空气配入103-D，空气重新引入到二段炉的操作步骤同正常开车一样，防止引空气太快造成触媒层温度飞升损坏，TI-1-108 不应超过 1060℃。

开车步骤：

(1) 按正常开车程序加空气。

(2) 当空气加入量正常，并且高变温度正常，出口 CO 正常后，联入低变。

(3) 净化联 106-D 开 MIC-20。

(4) 开 103-J 时，开 SP-1、70 合成联入。

(5) 开 103-J 前，如过热烧嘴已灭，应逐个点燃。

(6) 逐渐关 MIC-19，保证 FI-51 量为 2.72t/h。

(7) 合成系统正常后，加氢改至 103-J 段间。

(8) 开 SP-34 一段炉、烟道、过热烧嘴重新引入驰放气，点燃烟道烧嘴。

(9) 转化岗位全面在室外检查一遍设备及工艺状况，发现问题及时处理。

(10) 总控把生产负荷逐渐提高到正常水平。

二、原料气系统故障

1. 天然气输气总管事故(天然气中断)

(1) 关闭 SP-3 电动阀，转化岗位到现场查看是否关死。

(2) 切低变开 SP-5，SP-5 全开后关 SP-4，气体在MIC-26 放空，关低变出口大阀。

(3) 关闭 101-B/BU，烟道，过热烧嘴阀门。

(4) 切 101-B，烟道及过热烧嘴驰放气。

(5) 利用外供蒸汽置换一段转化炉内剩余气体防止催化剂结炭，时间至少 30min，接着，转化接胶带给 101-B 充 N_2 置换，在八排导淋、101-C4/CB 一侧导淋排放。

(6) 关 PRC-34 及前后阀，关 NG-51-8″上截止阀，关 FIC-1，SP-2，关 101-D 加氢阀。

(7) 开 MIC-30，MIC-31(1-4)，按程序停 101-BJA。

(8) 104-JA 间断开，给 101-F 充水。

(9) 待一段炉用 MS 置换后，接胶带置换脱硫系统合格，关死 FRC-2、SP-6 及前截止阀，关原料气入界区总阀。

(10) 各催化剂氮气保护，高变开低点导淋排水，低变定期排水，防止水泡催化剂。

其他岗位处理是:

切 106-D 关 MIC-20，停合成，停四大机组，净化保压循环再生。如果置换能够较快恢复开车，一段炉可采用直接蒸汽升温的办法进行，其他步骤同正常开车。如果装置短期不能恢复开车，催化剂床层温度降至活性温度以下，也可以采用一段炉干烧后直接通中压蒸汽升温的开车方法开车。

2. 原料气压缩机故障

(1) 关 SP-3。

(2) 切 104-BD、开 SP-5，SP-5 全开后关 SP-4，关出口阀，气体在 MIC-26 放空。

（3）关 SP-34 切 101-B、烟道、过热烧嘴驰放气。

（4）灭过热烧嘴。

（5）灭烟道烧嘴，开风箱。

（6）一段炉降至 760℃等待投料，如果时间可能超过 10h，一段炉 TR-1-105 降至 650℃以下等待，FRC-2 保持在 47t/h 左右。

（7）关 108-D 加氢阀，联系一套供 H_2在 108-D 处排放。

（8）101-BU 减量运行，保证 MS 压力稳定。

（9）关死 SP-2、FRC-1 及 NG-51-8″上截止阀。一旦故障消除，重新开车应按大检修开车程序进行。

三、水蒸气系统故障

1. 进泡包锅炉水中断

进汽包的锅炉水中如果突然发现进汽包的锅炉水中断，又不能立即恢复，则应立即紧急停车。

（1）101-BU、101-B、过热烧嘴、烟道烧嘴灭火，关死阀。

（2）关 SP-3。

（3）关 NG-51-8″上截止阀，开 108-D 出口放空阀。

（4）切 104-DB、开 SP-5、SP-5 全开后关 SP-4，关出口大阀。

（5）一段炉通入 MS 在 MIC-26 放空，当 TR-1-105 达 400℃时，切 MS，关 FRC-2 及 SP-6，关 NG-51-8″上截止阀。

（6）开 MIC-30、MIC-31(1-4)，停 101-BJA，调整101-BJ 转速。保持炉膛负压，继续运行。

如果时间较长，104-DB、104-DA、101-B、103-D 通 N_2保护，如果 102-J 已停，开 102-J 大副线在 108-D 出口放空或将原料气入界区阀关死，切原料气，如果中压蒸汽压力下降，联系外网送汽，当恢复开车时，可用一段炉干烧至 400℃通入 MS 的办法开车。

2. 中压蒸汽(MS)故障

中压蒸汽故障有两种情况。

(1) 中压蒸汽缓慢下降。首先应保证水碳比联锁不动作，加大 101-BU 的燃料量，及时查找原因并汇报调度。必要时停 103-J、105-J。如仍不行，则按停车程序停车。

(2) 中压蒸汽突然下降。

(3) 即停 103-J，平衡蒸汽。

(4) 总控降生产负荷，保证水碳比联锁不跳。

(5) 迅速查明原因并与调度联系。

(6) 加氢改至一套供氢。

(7) 如 103-J 停后，MS 仍下降，可停 105-J。如仍下降则继续停下去。

(8) 切 106-D 关 MIC-20。

(9) 切 104-DB，开 SP-5、SP-5 全开后，关 SP-4。

(10) 切空气关 SP-3，全开 MIC-19。

(11) 灭烟道烧嘴、过热烧嘴、101-B 减火。

(12) 切 101-B 原料气，关 NG-51-8″上截止阀，开 108-D 出口放空，102-J 停，开 102-J 大副线阀。

(13) FRC-2：47t/h、TR-1-105 760℃，等待投料。MS 查明原因恢复后，按开车程序开车。

四、101-BJ 跳车或故障

如 101-BJ 故障不能运行，应立即停车，停车程序与 101-F 汽包锅炉给水中断的处理程序。

五、101-BJA 跳车或故障

101-BJA 故障停车，则应按以下程序处理：

（1）总控立即全开 MIC-30、MIC-31-1、MIC-31-2、MIC-31-3、MIC-31-4。

（2）减负荷至 70%运行。

（3）降 TR-1-105 防止超温。

（4）提 101-BJ 转速，使 PRC-19 在-50Pa 以上，防止 101-B/BU 燃烧不完全。

（5）监视各盘管温度，如超温，可灭过热烧嘴，烟道烧嘴，开风筒等。

六、冷却水中断

如冷却水量下降，联系调度不见好转后，可依据生产条件的变化及时做出以下调整：停 103-J 及 105-J，气体在 MIC-26 放空，如冷却水全部中断则按照天然气中断处理。

第六节　工艺跳车联锁逻辑说明

（1）原料气流量低。

（2）蒸汽流量低。

（3）切断去一段炉过热烧嘴燃气。

（4）蒸汽温度高。

（5）辅锅汽包（101-F）液位低，辅锅给水流量低。

（6）一段炉引风机透平超速。

（7）空气预热盘管出口温度高。

（8）过热烧嘴燃料气联锁。

（9）过热烧嘴支路火焰熄灭。

（10）过热蒸汽温度。

（11）过热烧嘴燃料气主管压力低。

（12）辅锅烧嘴闸开且炉膛内无火焰。

（13）辅锅支路烧嘴火焰熄灭或支路烧嘴燃料气压力低。

(14) 辅锅炉堂压力高。

(15) 一段炉烟气引风机入口压力高。

(16) 切断去低变转化器 104-D 的工艺气。

(17) 去 101-B 烟道预热盘管辅锅给水联锁。

(18) 103-J 故障时加氢。

(19) 122-JB 停车。

(20) 空气预热器输出压力低。

第七节 下位机画面设计

一、DCS 用户画面设计

(1) DCS 画面的颜色、显示及操作方法均与真实 DCS 系统保持一致。

(2) 一般调节阀的流通能力按正常开度 50%计。

二、现场操作画面设计

1. 现场操作画面设计说明

(1) 现场操作画面是在 DCS 画面的基础上改进而完成的，大多数现场操作画面都有与之对应的 DCS 流程图画面。

(2) 现场操作画面均以 C 字母作为结束符。

(3) 现场操作画面上光标变为手形处为可操作点。

(4) 现场操作画面上的模拟量(如手操阀)、开关量(如开关阀和泵)的操作方法与 DCS 画面上的操作方法相同。

(5) 一般现场画面上红色的阀门、泵及工艺管线表示这些设备处于“关闭”状态，绿色表示设备处于“开启”状态。

(6) 单工段运行时，对换热器另一侧物流的控制通过在现场画面上操作该换热器来实现；全流程运行时，换热器另一侧的物流由在其他工段进行的操作来控制，冷却水及蒸汽流量的控制在各种情况下均在现场画面上完成。

2. 现场画面列表

现场画面列表见表 1-6。

表 1-6　现场画面列表

画面名称	说　　明	画面名称	说　　明
A0202XC	转化炉现场图	A0204XC3	点火现场三
A0202XC	转化炉现场图	A0301XC	高低变现场图
A0204XC1	点火现场一	A1101XC	辅锅系统现场图
A0204XC2	点火现场二		

思考题

1. 转化工段包括哪些主要过程?

2. 原料气为什么要脱硫? 本工段采用了哪些脱硫方法?

3. 甲烷蒸汽转化为什么要分两段? 二段转化炉中为什么要加入空气?

4. 甲烷蒸气转化催化剂的主体和活性组分分别是什么?

5. 本工段 CO 是如何脱除的及脱 CO 的意义?

6. 锅炉为了防腐，采用了哪些措施?

7. 简述锅炉系统中平衡阀和回流阀的作用和区别?

8. 停车前要做哪些准备工作?

9. 108-D 升温过程为什么要硫化?

10. 正常操作中一段转化炉、二段转化炉、高变炉、低变炉的温度应控制在什么程度?

11. 正常操作要点包括哪些主要内容?

第二章　合成氨装置系统——净化工段

第一节　装置概况

一、工艺流程简述

1. 脱碳

从变换工序来的变换气温度60℃，压力2.799MPa进入CO_2吸收塔(101-E)下部，在吸收塔中经塔板逆流向上与塔顶加入的贫液(40℃)接触，脱去工艺气中所含二氧化碳，再经塔顶洗涤段后出CO_2吸收塔，出吸收塔净化气在管路上由喷射器喷入变换气分离器(102-F)来的工艺冷凝液进一步洗涤，经净化气分离器(121-F)分离出喷入的工艺冷凝液，温度44℃，压力2.764MPa的气体去甲烷化工序，液体与变换冷凝液汇合去工艺冷凝液处理装置。

从CO_2吸收塔塔底出来的富液(74℃)先经溶液换热器(109-CB)加热，再经溶液换热器(109-CA)进一步升温至105℃后，进入CO_2汽提塔(102-E)顶部，102-E为筛板塔，共10块塔板，在CO_2汽提塔中靠变换气煮沸器(105-CA.B)、蒸汽煮沸器(111-C)提供的热量蒸发出大量水蒸气，由下向上逐板汽提出溶液中的CO_2，气体经过CO_2汽提塔冷凝器(110-C)，再经CO_2汽提塔回流液槽(103-F)分离出液体后，CO_2气体送尿素装置。

从CO_2汽提塔底部出来的热贫液先经溶液换热器(109-CA)与富液换热降温后进贫液泵，经贫液泵(107-JA/JB/JC)升压后的贫液再经溶液换热器(109-CB)降温，并经贫液冷却器(108-C)进一步冷却至40℃左右进CO_2吸收塔上塔。

从 CO_2汽提塔回流液槽底部出来的冷凝液，先经回流液泵(108-J)升压，一部分去冷凝液处理装置，另一部分去 CO_2吸收塔顶部洗涤净化气中夹带出的溶液，洗涤后的冷凝液回 CO_2汽提塔顶部进入系统。

2. 甲烷化

甲烷化装置的原料气来自脱碳装置，该原料气(44℃、2.76MPa)先后经合成气-脱碳气换热器(136-C)预热至117.49℃、高变气-脱碳气换热器(104-C)加热到316℃，进入甲烷化炉(106-D)，炉内装有18m^3、J-105型镍催化剂，气体自上部进入106-D，气体中的CO和CO_2与H_2反应生成CH_4和H_2O。甲烷化炉(106-D)的出口温度为363℃，依次经锅炉给水预热器(114-C)，甲烷化气脱盐水预热器(134-C)和水冷器(115-C)，温度降至40℃，甲烷化后的气体中CO和CO_2含量降至10×10^{-6}以下，进入104-F进行气液分离。

3. 冷凝液回收系统

自低变104-D来的工艺气(260℃)经102-F底部冷凝液骤冷后，再经105-C、106-C换热至60℃，进入102-F。其中，工艺气中所带的水分沉积下来，脱水后的工艺气进入CO_2吸收塔101-E脱除CO_2。102-F的水一部分进入103-F，一部分经换热器C66401换热后进入E66401，由管网来的327℃的蒸汽进入E66401的底部，塔顶产生的气体进入蒸汽系统，底部液体经C66401、C66402换热后排出。

第二节　工艺仿真范围

一、脱碳系统

(1) 塔：101-E、102-E。

(2) 换热器：108-C_1/C_2、109-CA_1/ CA_2、109CB_1/CB_2、

105-CA/CB、110-C、111-C、106-C。

(3) 分离罐：121-F、103-F、102-F。

(4) 泵：107-JA/B/C、108-J/JA、106-J/JA/JB、116-J。

(5) 储槽：114-F、115-F。

(6) 过滤器：101-L、104-L。

二、甲烷化系统

(1) 反应器：106-D。

(2) 换热器：114-C、134-C、115-C。

(3) 分离罐：104-F。

三、冷凝液回收系统

(1) 塔：E66401。

(2) 换热器：C66401、C66402。

(3) 泵：J66401a/b。

第三节　控制回路一览表

合成氨装置净化工段仿真培训系统所涉及到得仪表控制回路见表2-1，该表给出了仪表回路的公位号、回路描述、工程单位、正常设定及正常输出。这些内容仅供操作参考。

一、脱碳甲烷化系统

表2-1　控制回路

回路名称	回路描述	单位	设定值	输出
FICA17	106-J 到 121-F 流量控制	kg/h	10000	50
FICA15	水洗液入 101-E 流量控制	kg/h	12500	50
FIC5	富液流量控制	t/h	640	50
FIC16	水洗液出 101-E 流量控制	kg/h	13500	50
LIC4	101-E 塔底段液位控制	%	50	50

续表

回路名称	回路描述	单　位	设定值	输　出
LIC7	101-E 塔顶段液位控制	%	50	50
LICA26	121-F 罐液位控制	%	50	50
LICA5	103-F 罐液位控制	%	50	50
PIC24	103-F 罐顶压力控制	MPa	0.03	50
PICA89	103-F 罐顶压力控制	MPa	0.03	50
PIC5	脱碳系统压力控制	MPa	2.7	50
TRCA12	106-D 入口工艺气流量控制	C	280	50

二、冷凝液系统

冷凝液系统见表 2-2。

表 2-2　冷凝液系统

回路名称	回路描述	单　位	设定值	输　出
FIC97	蒸汽流量控制	t/h	9.0	50
LICA39	E66401 液位控制	%	50	50
LICA3	102-F 液位控制	%	50	50

第四节　装置冷态开车

一、脱碳系统开车

（1）打开 CO_2 汽提塔 102-E 塔顶放空阀 VV075，CO_2 吸收塔 101-E 底阀 SP73。

（2）将 PIC5、PIC24 设定在 2.7MPa、0.03MPa，并投自动。

（3）开充压阀 VV072、VX0049 给 CO_2 吸收塔 101-E 充压（图 2-1、图 2-2），同时全开 HIC9。

（4）现场启动 116-J，开阀给 CO_2 汽提塔 102-E 充液：

① 打开泵入口阀 VV010；

② 现场启动泵 116-J；

③ 打开泵出口阀 VV011、VV013。

（5）LRA70 到 50%时，启动 107-J，开 FCV5 给 101-E 充液（开关泵 116-J 出口阀控制 LRA70 50%左右）：

① 打开泵入口阀 VV004、VV002；

② 现场启动泵 107JA/B；

③ 打开泵出口阀 VV005、VV003；

④ 打开调节阀 FCV5。

（6）LIC4 到 50%后，开阀 LCV4 并投自动 50%，建立循环。

（7）投用 LSL104（101-E 液位低联锁）。

（8）投用 CO_2 吸收塔、CO_2 汽提塔顶冷凝罐 108-C、110-C：现场开阀 VX0009、VX0013 进冷却水。注意 TI1-21，TI1-24 的温度显示。

（9）投用 111-C 加热 CO_2 汽提塔 102-E 内液体 ：现场开阀 VX0023 进蒸汽。

（10）打开 LCV5 给 CO_2 汽提塔回流液槽 103-F 充液。

（11）LIC5 到 50%后，启动 108-J 并开阀 FCV15：

① 现场打开泵入口阀 VV015/VV017；

② 现场启动泵 108-JA/B；

③ 现场打开泵出口阀 VV014/VV016；

④ 打开调节阀 FCV15。

（12）LIC-7 50%后 LCV7 50%投自动，开 FCV16 建水循环。

（13）投用 LSH-3（102-F 液位低联锁），LSH-26（121-F 液位低联锁）。

（14）现场打开阀 VV114 建立 102-F 液位（脱盐水自氢回收来）。

（15）开 SP-5（控制自高低变入 102-F 的工艺气流量的主阀）付线阀 VX0044 均压。

（16）关付线阀 VX0044，开 SP-5 主路阀 VX0020。

（17）LICA-3 达 50%后，启动 116-J：

① 现场打开泵入口阀 VV103/VV105/VV017；

② 启动泵 106-JA/B/C；

③ 现场打开泵出口阀 VV102/VV014/VV016。

（18）投用 FCV17，LICA-26，LICA-5 设 50%投自动。

（19）关充压阀 VV072，开工艺气主阀旁路 VV071，均压。

（20）关旁路阀 VV071 及 VX0049，开主阀 VX0001，关阀 VX0021 停用 111-C。

（21）开阀 MIC11 骤冷工艺气。

二、甲烷化系统开车

（1）投用 104-C。

（2）投用甲烷化炉 106D 温度联锁 TISH1002。

（3）打开阀 VX0011 投用甲烷化炉脱盐水预热器 134-C，打开阀 VX0012 投用水冷器 115-C。

（4）打开 SP71。

（5）稍开阀 MIC21 对甲烷化炉 106D 进行充压。

（6）打开阀 VX0010 投用锅炉给水预热器 114-C。

（7）全开阀 MIC21，关闭阀 PCV5。

三、工艺冷凝液系统开车

（1）打开阀 VX0043 投用 C66402。

（2）LICA-3 达 50%时，启动泵 J66401：

① 现场打开泵入口阀 VV109/VV111；

② 启动泵 J66401A/B；

③ 现场打开泵出口阀 VV108/VV110。

（3）控制阀 LICA-3，LICA-39 设定在 50%时，投自动。

（4）开阀 FCV-97 及 E66401 顶放空阀 VX0046。

(5) 开中压蒸汽返回阀 VX0045，并入 101-B。

四、净化岗位主要指标

净化岗位主要指标见表 2-3、表 2-4。

表 2-3　温度设计值

序号	位　　号	说　　明	设计值/℃
1	TI1-21	102-E 塔顶温度	90
2	TI1-22	102-E 塔底温度	110.8
3	TI1-23	101-E 塔底温度	74
4	TI1-24	101-E 塔顶温度	38
5	TI1-19	工艺气进 102-F 温度	165
6	TI140	E66401 塔底温度	247
7	TI141	C66401 热物流出口温度	64
8	TI143	蒸汽进 E66401 温度	327
9	TI144	E66401 塔顶气体温度	247
10	TI145	冷物流出 C66401 温度	212.4
11	TI146	冷物流入 C66401 温度	76
12	TI147	冷物流入 C66402 温度	105

表 2-4　压力设计值

序号	位　　号	说　　明	设计值/MPa
1	PI202	E66401 入口蒸汽压力	3.86
2	PI203	E66401 出口蒸汽压力	3.81

第五节　装置正常停工过程

一、甲烷化停车步骤

按 PB-1102 停甲烷化。

二、脱碳系统停车步骤

(1) 关 CO_2 去尿素截止阀 VV076(图 2-2 现场 103-F 顶截

止阀）。

（2）关工艺气入 101-E 大阀 VX0001。

（3）停泵 106-J，关阀 MIC11（骤冷工艺气冷凝液阀）及 FICA-17。

（4）停泵 J66401，关 102-F 液位控制阀 LCV3。

（5）关 103-F 液位控制阀 LICA-5 。

（6）停泵 108-J，关调节阀 FCV-15、LCV-7、FCV-16 。

（7）打开退液阀 VV008，关阀 FCV-5（退液阀 VV008 在图 2-2 现场，泵 107J 至储槽 115F 间）。

（8）LIC-4 至 0 时关阀 LCV4。

（9）102-E 液位 LRA70 至 5%时停泵 107-J。

（10）102-E 无液位后关退液阀 VV008。

三、工艺冷凝液系统停车

（1）关 E66401 顶蒸汽去 101-B 截止阀 VX0045。

（2）关蒸汽入口控制阀 FCV-97。

（3）关冷凝液去水处理截止阀 VV115。

（4）开 E66401 顶放空阀 VX0064。

（5）至常温，常压，关放空阀 VX0064。

第六节　事 故 列 表

一、101-E 液位低联锁

1. 事故原因

LSL-104 低联锁。

2. 事故现象

（1）LIC-4 回零，XV-6 全开。

（2）PICA-89 下降，AR-1181 上升。

3. 处理方法

(1) 开 MIC-26 放空，减负荷。

(2) 通知尿素退压缩机转速。

(3) 通知合成退 103-J 转速。

(4) 等 LSL-104 联锁条件消除后，按复位按钮。

(5) 等系统循环正常后，关 MIC-26，加负荷。

二、102-F 或 121-F 液位高联锁

1. 事故原因

LSH-3 或 LSH-26 高联锁。

2. 事故现象

SV-9 打开。

3. 处理方法

(1) 检查 106-J 运转是否正常。

(2) 检查 MIC-11 或 FICA-17 是否关闭。

(3) 检查 LICA-5 是否关闭。

(4) 等 LSH-3 或 LSH-26 联锁消除后，按复位按钮。

三、甲烷化联锁

1. 事故原因

TSH-1002 联锁。

2. 事故现象

(1) MIC-20，MIC-21 回零。

(2) 103-J 停。

(3) SP1，SP70 关。

(4) FCV14、FCV7、FCV8 全开。

3. 处理方法

(1) 打开 MIC25，调整系统压力。

(2) 关闭 MIC18、MIC24，氢回收去 105-F 截止阀。

(3) 105-J 降转速，冷冻调整液位。

(4) 停 1-3P，关出口阀。

(5) LCV13、LCV14、LCV12 手动关掉。

(6) 关 MIC13、MIC14、MIC15、MIC16、HCV1、MIC23。

(7) 关闭 MIC1101、AV1113、LV1108、LV1119、LV1309、FV1311、FV1218。

(8) 分子筛置硬手动，关闭所有 KXV 阀。

(9) 切除 129-C、125-C。

(10) 停 109-J，关出口阀。

四、107-J 跳车

1. 事故原因

107-J 跳车。

2. 事故现象

(1) FRCA-5 流量下降，FCV5 阀位增大。

(2) LIC4 下降。

(3) AR1181 逐渐上升。

3. 处理方法

(1) 开 MIC-26 放空，系统减负荷至 80%。

(2) 降 103-J 转速。

(3) 迅速启动另一台备用泵。

(4) 调整流量，关小 MIC26。

(5) 按 PB-1187、PB-1002(备用泵不能启动)。

(6) 开 MIC26，调整好压力。

(7) 停 1-3P，关出口阀。

(8) 105-J 降转速，冷冻调整液位。

(9) 关闭 MIC18、MIC24，氢回收去 105-F 截止阀。

(10) LCV13、LCN14、LCN12 手动关掉。

(11) 关 MIC13、MIC14、MIC15、MIC16、HCV1、MIC23。

（12）关闭 MIC1101、AV1113、LV1108、LV1119、LV1309、FV1311、FV1218。

（13）切除 129-C、125-C。

（14）停 109-J，关出口阀。

五、106-J 跳车

1. 事故原因

106-J 跳车。

2. 事故现象

（1）FICA-17 流量下降。

（2）102-F 液位上升。

3. 事故处理

（1）启动备用泵。

（2）备用泵不能启动，开临时补水阀。

六、108-J 跳车

1. 事故原因

108-J 跳车。

2. 事故现象

FICA15 无流量。

3. 事故处理

（1）启动备用泵。

（2）关闭 LCV7，尽量保持 LIC-7。

（3）备用泵不能启动，开临时补水阀。

七、尿素跳车

1. 事故原因

尿素停车。

2. 事故现象

PIC24 打开，PICA89 打开。

3. 事故处理

（1）调整 PIC-24 压力。

（2）停 1-3P-1(2)。

第七节　自动保护系统

在装置发生紧急事故，无法维持正常生产时，为控制事故的发展，避免事故蔓延发生恶性事故，确保装置安全，并能在事故排除后及时恢复生产，

（1）在置正常生产过程中，自保切换开关应在“ON”位置，表示自保投用。

（2）开车过程中，自保切换开关在“OFF”位置，表示自保摘除，见表 2-5。

表 2-5　自动保护系统

自保名称	自保值
LSH3	90
LSH26	90
LSL104	18

第八节　评分细则

一、评分规则

（1）过程的开始和结束是以起始条件和终止条件来决定的，起始条件满足则过程开始，终止条件满足则过程结束。操作步骤的开始是以操作步骤的起始条件和本操作步骤所对应的过程的起始条件来决定的，必须是操作步骤的上一级过程的起始条件和操

作步骤本身的起始条件都满足，这个操作步骤才可开始操作。如果操作步骤没有满足起始条件，那么，只要它上一级过程的起始条件满足即可操作。

（2）操作步骤评定有三级，由评分权区分，对于高级评分，过程基础分给得低，操作步骤分给得高，而低级评分，则是过程基础分给得高，操作步骤分给得低。操作质量的评定与操作步骤有所不同，由于对于不同的工况各个质量指标开始评定和结束评定的条件不一样，而质量指标的参数是一样的。

（3）过程只给基础分，步骤只给操作分。基础分在整个过程完成后给予操作者，步骤分则视该步骤完成情况给予操作者。

（4）一个过程的起始条件没有满足时，终止条件不予评判，因此也不会满足。

（5）过程终止条件满足时，其子过程及所有过程下的步骤都不再参与评判，也就是这个过程中没有进行完毕的过程或步骤都不会再完成了，分也得不到了。

（6）操作步骤起始条件未满足，而动作已经完成，则认为此步骤错误，分数完全扣掉。

（7）步骤起始条件未满足，而动作已经完成，则认为此步骤错误，分数完全扣掉。

（8）对质量指标来说，评判它好与不好是根据指标在设定值上、下的偏差来决定的。质量指标在上下允许范围内的数值不扣分，超过了允许范围要扣分，直至该指标得分为 0 止。

（9）评分时对于冷态开车评定步骤和质量，对于正常停车只评定步骤。

二、冷态开车质量评分

冷态开车质量评分见表 2-6。

表 2-6 冷态开车质量评分

评分位号	位号描述	正常值	上下偏差	分权/分
TI1-24	TI1-24 温度控制	45.00	5.00	6
TI1-19	TI1-19 温度控制	178.00	12.00	6
TI1-21	TI1-21 温度控制	83.00	10.00	6
TI1-22	TI1-22 温度控制	110.80	2.00	6
LT4	LICA-4 液位控制	50.00	20.00	6
LT7	LIC-7 液位控制	50.00	20.00	6
LRA70	LRA-70 液位控制	50.00	20.00	6
LT5	LICA-5 液位控制	50.00	20.00	6
LT3	LICA-3 液位控制	50.00	20.00	6
LT26	LICA-26 液位控制	50.00	20.00	6
AR1181	AR1181 控制指标	0.08	0.04	7
TRCA12	TRCA12 温度控制	300.00	20.00	6
AR2-1	AR2-1(CO)	4.00	1.00	7
AR2-2	AR2-2(CO_2)	4.00	1.00	7
LICA39	LICA39 液位控制	50.00	20.00	6
TI144	TI144 温度控制	247.00	5.00	7

三、冷态开车步骤评分

冷态开车步骤评分见表 2-7。

表 2-7 冷态开车步骤评分

过程	步骤	评分			起始条件	终止条件
		基础分	操作分	总分		
脱炭系统开车		0	50	50	无	脱碳系统开车完毕
	打开 SP-14、SP73		2.5		无	打开 SP-14、SP73
	将 PIC5、PIC24 设定在 2.7MPa、0.03MPa，并投自动		2.5		无	将 PIC5、PIC24 设定在 2.7MPa、0.03MPa，并投自动
	开充压阀		2.5		无	开充压阀
	启动 116-J		2.5		无	启动 116-J
	LRA70 到 50%时，启动 107-J		2.5		LRA70 到 50%	启动 107-J

续表

过程	步骤	评分			起始条件	终止条件
		基础分	操作分	总分		
脱炭系统开车	LIC4 到 50% 后，开阀 LCV4		2.5		LIC4 到 50%	开阀 LCV4
	投用 101-L，LSL104		2.5		开阀 LCV4	投用 101-L、LSL104
	投用 108-C，110-C		2.5		无	投用 108-C、110-C
	投用 111-C		2.5		投用 108-C	投用 111-C
	103-F 液位达 50% 后，启动 108-J		2.5		103-F 液位达 50%	启动 108-J
	开阀 FCV15，LIC-750% 投自动，开 FCV16 建水循环		2.5		上一步骤完毕	开阀 FCV15，LIC-750% 投自动，开 FCV16 建水循环
	投用 LSH-3，LSH-26		2.5		无	投用 LSH-3，LSH-26
	建立 102-F 液位		2.5		无	建立 102-F 液位
	开 SP-5 副线均压		2.5		无	开 SP-5 副线均压
	关副线，开 SP-5		2.5		上一步骤完毕	关副线，开 SP-5
	LICA-3 达 50% 后，启动 106-J		2.5		LICA-3 达 50%	启动 106-J
	投用 FICA17、LICA-26、，LICA-5，设 50% 投自动		2.5		无	投用 FICA17，LICA-26，LICA-5，设 50% 投自动
	关充压阀，开工艺气主阀旁路，均压		2.5		无	关充压阀，开工艺气主阀旁路，均压
	关旁路，开主阀，切除 111-C		2.5		上一步骤完毕	关旁路，开主阀，切除 111-C
	开 MIC11		2.5		无	开 MIC11
甲烷化系统开车		0	25	25	TI1-25>120	甲烷化系统开车完毕
	投用 106D 温度联锁 TISH1002A 和 TISH1002B		4		无	投用 106D 温度联锁 TISH1002A 和 TISH1002B

续表

过程	步骤	评分			起始条件	终止条件
		基础分	操作分	总分		
甲烷化系统开车	投用 134-C,115-C		4		无	投用 134-C、115-C
	打开 SP71		4		无	打开 SP71
	开 MIC21 对 106D 进行充压		4		无	开 MIC21 对 106D 进行充压
	投用 114-C		4		无	投用 114-C
	缓慢打开 MIC21，关闭 PCV5		5		无	缓慢打开 MIC21,关闭 PCV5
工艺冷凝液系统开车		0	25	25	无	工艺冷凝液系统开车完毕
	投用 C66402		5		无	投用 C66402
	LICA-3 达 50%时，启动 J66401		5		LICA-3 达 50%	启动 J66401
	LICA-39 设定在 50%时，投自动		5		LICA-39 达 50%	LICA-39 设定在 50%时，投自动
	开 FCV-97，E66401 顶放空阀		5		无	开 FCV-97，E66401 顶放空阀
	开 MS 返回阀，并入 101-B		5		无	开 MS 返回阀，并入 101-B

四、正常停车步骤评分

正常停车步骤评分见表 2-8。

表 2-8　正常停车步骤评分

过程	步骤	评分			起始条件	终止条件
		基础分	操作分	总分		
甲烷化停车步骤		0	10	10	无	按 PB-1102 停甲烷化
	按 PB-1102 停甲烷化		10		无	按 PB-1102

续表

过程	步骤	评分			起始条件	终止条件
		基础分	操作分	总分		
脱碳系统停车步骤		0	60	60	按 PB-1102 停甲烷化	脱碳系统停车步骤完毕
	气体在 MIC26 放空,出低变工艺气截止阀关		5		无	气体在 MIC26 放空,出低变工艺气截止阀关
	关 CO_2 截止阀		5		无	关 CO_2 截止阀
	关工艺气入口大阀		5		无	关工艺气入口大阀
	停 106-J,关 MIC11,FICA-17		5		无	停 106-J,关 MIC11,FICA-17
	停 J66401,关 LCV3		5		无	停 J66401,关 LCV3
	关 LICA-5		5		无	关 LICA-5
	停 108-J,关 FCV-15,LCV-7,FCV-16		5		无	停 108-J,关FCV-15,LCV-7,FCV-16
	停 101-L		5		无	停 101-L
	打开退液阀,关 FCV-5		5		无	打开退液阀,关 FCV-5
	LIC-4 达 5%时关 LCV4		5		LIC-4 达 5%	关 LCV4
	102-ELRA70 至 5%时停 107-J		5		102-ELRA70 至 5%	停 107-J
	关退液阀		5		无	关退液阀
工艺冷凝液系统停车		0	30	30	脱碳系统停车步骤完毕	工艺冷凝液系统停车完毕
	关 MS 去 101-B 截止阀		6		无	关 MS 去 101-B 截止阀
	关 FCV-97		6		无	关 FCV-97
	关冷凝液去水处理截止阀		6		无	关冷凝液去水处理截止阀

续表

过程	步骤	评分			起始条件	终止条件
		基础分	操作分	总分		
工艺冷凝液系统停车	开放空阀		6		无	开放空阀
	至常温，常压，关放空阀		6		上述步骤完毕	至常温，常压，关放空阀

第九节 仿 DCS 画面设计

一、DCS 用户画面设计

DCS 画面的颜色、显示及操作方法均与真实 DCS 系统保持一致，一般调节阀的流通能力按正常开度为 50%设计。

二、现场操作画面设计

1. 现场操作画面设计说明

现场操作画面是在 DCS 画面的基础上改进而完成的，大多数现场操作画面都有与之对应的 DCS 流程图画面。

（1）现场画面均以 C 字母作为结束符。

（2）现场画面上光标变为手形处为可操作点。

（3）现场画面上的模拟量（如手操阀）、开关量（如开关阀和泵）的操作方法与 DCS 画面上的操作方法相同。

（4）一般现场画面上红色的阀门、泵及工艺管线表示这些设备处于“关闭”状态，绿色表示设备处于“开启”状态。

2. 现场画面列表

现场画面列表见表 2-9。

表 2-9 现场画面列表

画面名称	说明
A0501C	脱碳系统现场图
A1201C	冷凝液回收系统现场图

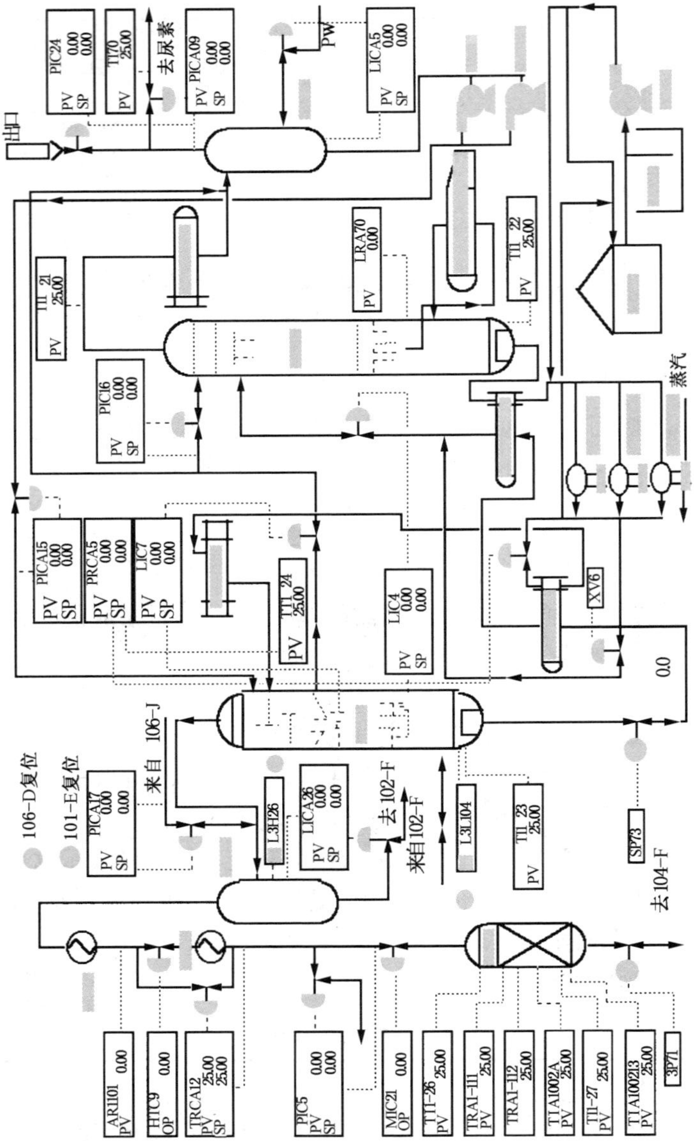

图 2-1 脱碳系统 DCS 图

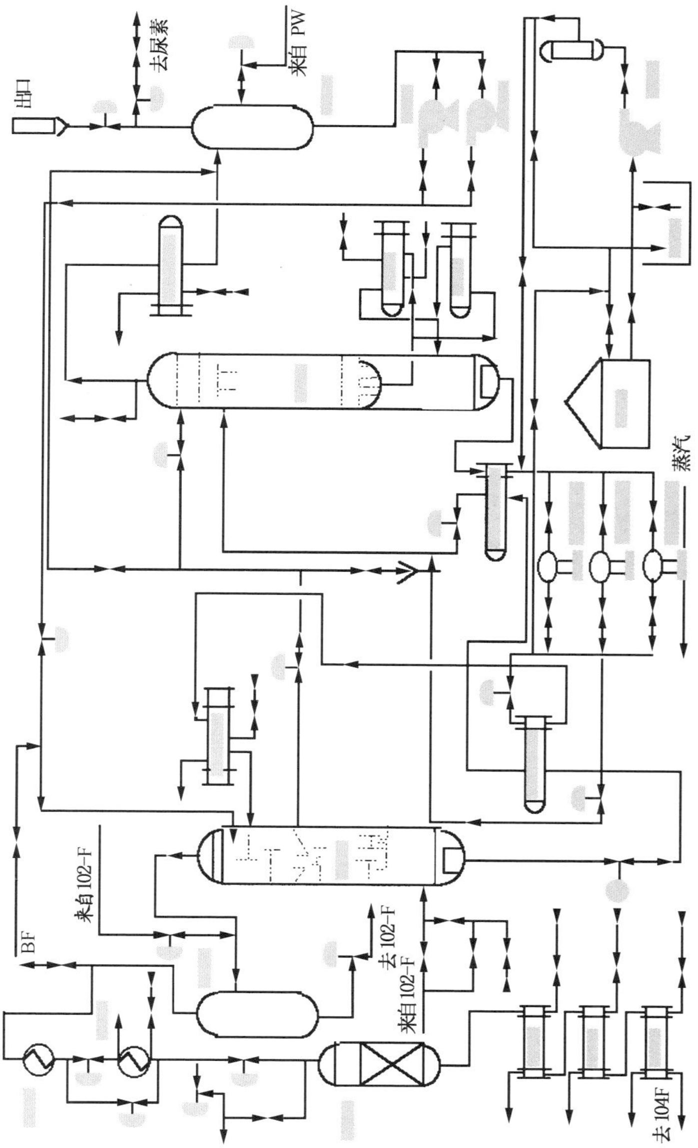

图 2-2 脱碳系统现场

思考题

1. 为什么原料气的二氧化碳必须脱除？本工段选用何种脱碳方法？

2. 本工段选用何种脱碳流程？

3. 简述甲烷化法的特点？

4. 甲烷化催化剂与甲烷转化催化剂有什么相同之处？有什么不同之处？为什么？

5. 简述脱碳系统开车的要点？

6. 简述甲烷化系统开车的要点？

7. 工艺冷凝液系统如何开车？

8. 脱碳塔的主要工艺指标有哪些？

9. 二氧化碳汽提塔的主要工艺指标有哪些？

10. 101-E 液位低联锁和 102-F 或 121-F 液位高联锁的意义各是什么？

第三章　合成氨装置系统——氨的合成

第一节　装 置 概 况

一、工艺流程简述

1. 合成系统

本系统采用凯洛格氨合成工艺流程，采用蒸汽透平驱动带循环机的离心式压缩机，气体不受油雾的污染，但新鲜气中尚含微量二氧化碳和水蒸气，需经氨冷最终净化。另外，由于合成塔操作压力较低(15MPa)，采用三级氨冷将气体冷却至-23℃，以使氨分离较为完全。

从甲烷化来的新鲜气(40℃、2.6MPa、$H_2/N_2=3:1$)先经压缩前分离罐(104-F)进合成气压缩机(103-J)低压段，出低压段的新鲜气先经136-C用甲烷化进料气冷却至93.3℃，再经水冷器(116-C)冷却至38℃，最后经氨冷器(129-C)冷却至7℃，后与氢回收来的氢气混合进入中间分离罐(105-F)，从中间分离罐出来的氢氮气再进合成气压缩机高压段。

合成回路来的循环气与经高压段压缩后的氢氮气混合进压缩机循环段，从循环段出来的合成气进合成系统水冷器(124-C)。经(124-C)冷却后气体分为两股流。一股经一、二级氨冷器(117-C和118-C)冷却，另一股进并联交换器(120-C)与分氨后的冷气换热，然后两股气流合并进三级氨冷器(119-C)冷却至-23.3℃进氨分离器(106-F)分离液氨，液氨送往冷冻中间闪蒸槽(107-F)，(106-F)分氨后的气体进并联换热器(120-C)回收冷量后再进合成气热交换器(121-C)升温至约141℃进氨合成塔(105-D)进行反应。出合成塔气体经锅炉给水预热器(123-C)回收热量后再进合成气热交换器(121-C)预热入塔合成气，出121-C的反应气进合成气压缩机(103-J)循环段重复上述循环。

弛放气在进(103-J)前抽出，经过弛放气氨冷器(125-C)冷却及弛放气分离器(108-F)分出冷凝液氨后送往氢回收装置，108-F 分出的液氨送往冷冻的中间闪蒸槽(107-F)。

2. 冷冻系统

合成来的液氨进入中间闪蒸槽(107-F)，闪蒸出的不凝性气体作为燃料气送一段炉燃烧。液氨减压后送至三级闪蒸罐(112-F)进一步闪蒸后，作为冷冻用的液氨进入系统中。冷冻的一、二、三级闪蒸罐操作压力分别为：0.4MPa(G)、0.16MPa(G)、0.0028MPa(G)，三台闪蒸罐与合成系统中的第一、二、三氨冷器相对应，它们是按热缸吸原理进行冷冻蒸发循环操作的。液氨由各闪蒸罐流入对应的氨冷器，吸热后的液氨蒸发形成的气液混合物又回到各闪蒸罐进行气液分离，气氨分别进氨压缩机(105-J)各段汽缸，液氨分别进各氨冷器。

由液氨接收槽(109-F)来的液氨逐级减压后补入到各闪蒸罐。一级闪蒸罐(110-F)出来的液氨除送第一氨冷器(117-C)外，另一部分作为合成气压缩机(103-J)一段出口的氨冷器(129-C)和闪蒸罐氨冷器(126-C)的冷源。氨冷器(129-C)和(126-C)蒸发的气氨进入二级闪蒸罐(111-F)，110-F 多余的液氨送往111-F。111-F 的液氨除送第二氨冷器(118-C)和弛放气氨冷器(125-C)作为冷冻剂外，其余部分送往三级闪蒸罐(112-F)。112-F 的液氨除送 119-C 外，还可以由冷氨产品泵(109-J)作为冷氨产品送液氨储槽储存。

由三级闪蒸罐(112-F)出来的气氨进入氨压缩机(105-J)一段压缩，一段出口与 111-F 来的氯氨汇合进入二段压缩，二段出口气氨先经压缩机中间冷却器(128-C)冷却后，与110-F来的气氨汇合进入三段压缩，三段出口的气氨经氨冷凝器(127-CA、CB)，冷凝的液氨进入接收槽(109-F)。109-F中的闪蒸气去闪蒸罐氨冷器(126-C)，冷凝分离出来的液氨流回109-F，不凝气作燃料气送一段炉燃烧。109-F中的液氨一部分减压后送至一级闪蒸罐(110-F)，另一部分作为热氨产品经热氨产品泵(1-3P-1，2)送往尿素装置。

3. 工艺仿真范围

(1) 合成氨系统。

① 氨合成塔：105—D。

② 开工升温炉：102—B。

③ 换热器：124—C、120—C、121—C、117—C(管侧)、118—C(管侧)、119—C(管侧)、123—C、125—C(管侧)。

④ 氨分离罐：105—F、106—F、108—F。

⑤ 压缩机 ：103—J(工艺管线)。

(2) 冷冻系统。

① 换热器：127—C、147—C、117—C(壳侧)、129—C(壳侧)、118—C(壳 侧)、119—C(壳侧)、125—C(壳侧)。

② 分离罐：107—F、109—F、110—F、111—F、112—F。

③ 泵：1—3p—1(2)、109—JA/JB。

④ 氨气压缩机：105—J(工艺管线部分)。

二、控制回路一览表

本合成氨装置合成工段仿真培训系统共涉及到仪表控制回路如下，这些回路的详细内容见下表，该表给出了仪表回路的公位号、回路描述、工程单位元、正常设定及正常输出。这些内容仅供操作参考。

合成工段仪表回路一览表如表3-1、表3-2。

表 3-1 合成系统

回路名称	回 路 描 述	工程单位	设定值	输 出
PIC182	104-F 压力控制	MPa	2.6	50
PRC6	103-J 转速控制	MPa	2.6	50
PIC194	107-F 压力控制	MPa	10.5	50
FIC7	104-F 抽出流量控制	kg/h	11700	50
FIC8	105-F 抽出流量控制	kg/h	12000	50
FIC14	压缩机总抽出控制	kg/h	67000	50
LICA14	121-F 罐液位元控制	%	50	50

表 3-2 冷冻系统

回路名称	回 路 描 述	工程单位	设定值	输 出
PIC7	109-F 压力控制	MPa	1.4	50
PICA8	107-F 压力控制	MPa	1.86	50
PRC9	112-F 压力控制	KPa	2.8	50
FIC9	112-F 抽出氨气体流量控制	kg/h	24000	0
FIC10	111-F 抽出氨气体流量控制	kg/h	19000	0
FIC11	110-F 抽出氨气体流量控制	kg/h	23000	0
FIC18	109-F 液氨产量控制	kg/h	50	50
LICA15	109-F 罐液位控制	%	50	50
LICA16	110-F 罐液位控制	%	50	50
LICA18	111-F 罐液位控制	%	50	50
LICA19	112-F 罐液位控制	%	50	50
LICA12	107-F 罐液位控制	%	50	50

第二节 装置冷态开工过程

一、合成系统开车

(1) 投用 LSH109(104-F 液位低联锁), LSH111(105-F 液位低联锁)。

(2) 打开 SP-71, 把工艺气引入 104-F, PIC-182 设置在 2.6MPa 投自动。

（3）显示合成塔压力的仪表换为低量程表。

（4）投用124-C（图3-1、图3-2现场开阀VX0015进冷却水），123-C（图3-1、图3-2现场开阀VX0016进锅炉水预热合成塔塔壁），116-C（图3-1、图3-2现场开阀VX0014），打开阀VV077，VV078投用SP35（在图3-1、图3-2现场合成塔底右部进口处）。

（5）按103-J复位，然后启动103-J（现场启动按钮），开泵117-J注液氨（冷冻系统图的现场图，见图3-2所示）。

（6）开MCV23，HCV11，把工艺气引入合成塔105-D，合成塔充压。

（7）逐渐关小防喘振阀FIC7，FIC8，FIC14。

（8）开SP-1副线阀VX0036均压后（一小段时间），开SP-1，开SP-72（在合成塔图画面上）及SP-72前旋塞阀VX0035。

（9）当合成塔压力达到1.4MPa时换高量程压力表。

（10）关SP-1副线阀VX0036，关SP-72及前旋塞阀VX0035，关HCV-11。

（11）开PIC-194设定在10.5MPa，投自动。

（12）开入102-B旋塞阀VV048，开SP-70。

（13）开SP-70前旋塞阀VX0034，使工艺气循环起来。

（14）打开108-F顶MIC18阀。

（15）投用102-B联锁FSL85。

（16）打开MIC17进燃料气，102-B点火（按图3-3 102-B右黄杠），合成塔开始升温。

（17）开阀MIC14调节合成塔中层温度，开阀MIC15、MIC16，控制合成塔下层温度。

（18）停泵117-J，停止向合成塔注液氨。

（19）PICA-8设定在1.68MPa投自动。

（20）LIC-14设定在50%投自动（图3-3），LICA-13设

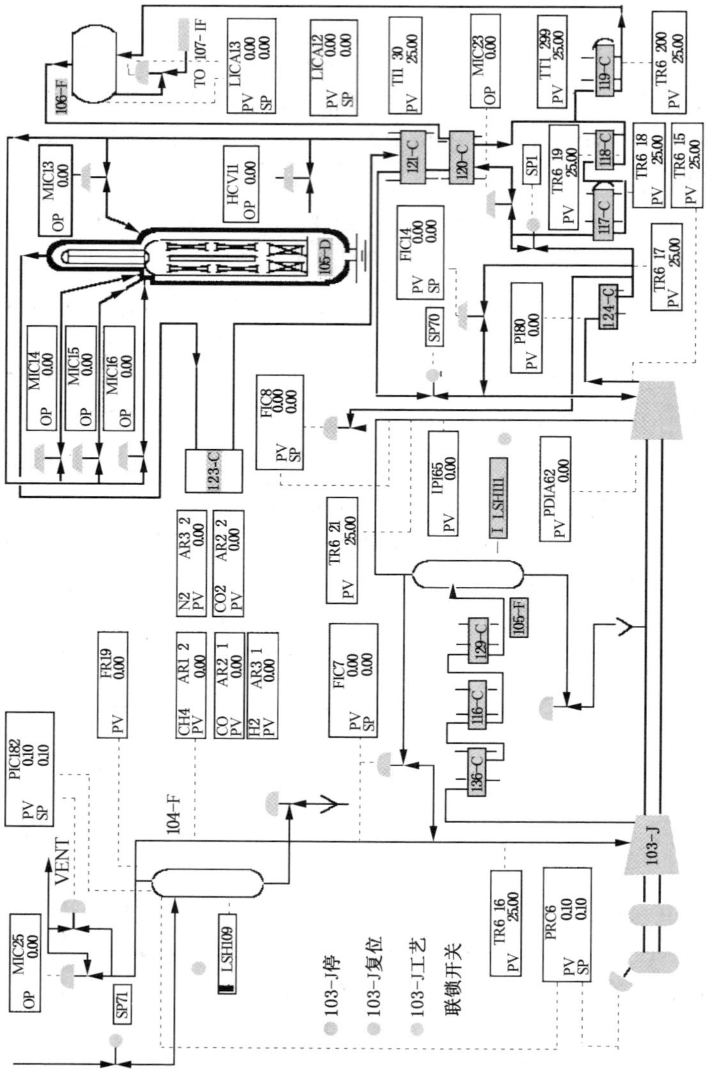

图 3-1 合成系统 DCS 图

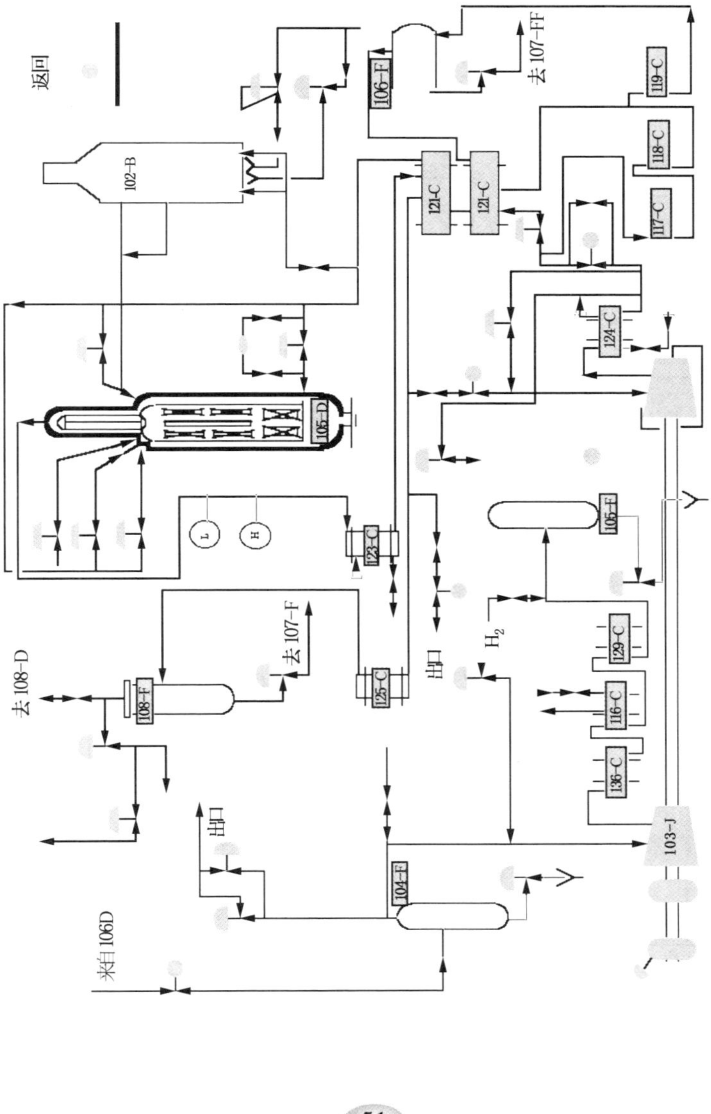
返回
102-B
106-F
去 107-FF
119-C
118-C
117-C
121-C
121-C
124-C
105-D
L
H
123-C
105-F
去 108-D
108-F
去 107-F
125-C
出口
H_2
129-C
116-C
136-C
出口
104-F
103-J
来自 106D

图 3-2 合成系统现场图

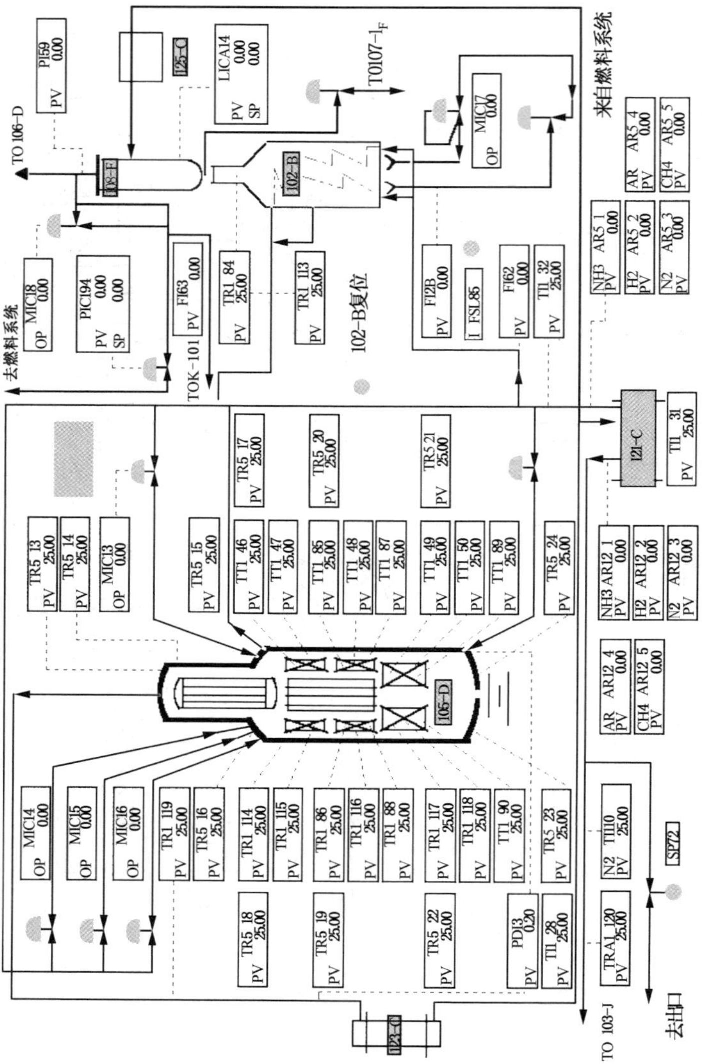

图 3-3 合成系统 DCS 图

定在40%投自动。

（21）当合成塔入口温度达到反应温度380℃时，关MIC17，102-B熄火，同时打开阀门HCV11预热原料气。

（22）关闭102-B旋塞阀VV048，现场打开氢气补充阀VV060。

（23）开MIC-13进冷气起调节合成塔上层温度。

（24）106-F液位LICA-13达50%时，开阀LCV13，把液氨引入107-F。

二、冷冻系统开车

（1）投用LSH116（109-F液位低联锁），LSH118（110-F液位低联锁），LSH120（111-F液位低联锁），PSH840、841联锁。见图3-4所示。

（2）投用127-C（现场开阀VX0017进冷却水）。

（3）打开109-F充液氨阀门VV066，建立80%液位（LICA15至80%）后关充液阀。

（4）PIC-7设定1.4MPa，投自动。

（5）开三个制冷阀（见现场图3-5开阀VX0005、VX0006、VX0007）。

（6）按105-J复位按钮，然后启动105-J（在现场图开启动按钮），开出口总阀VV084。

（7）开127-C壳侧排放阀VV067。

（8）开阀LCV15建立110-F液位。

（9）开出129-C的截止阀VV086。

（10）开阀LCV16建立111-F液位，开阀LCV18建立112-F液位。

（11）投用125-C（打开阀门VV085）。

（12）当107-F有液位时开MIC-24，向111-F送氨。

（13）开LCV-12向112-F送氨。

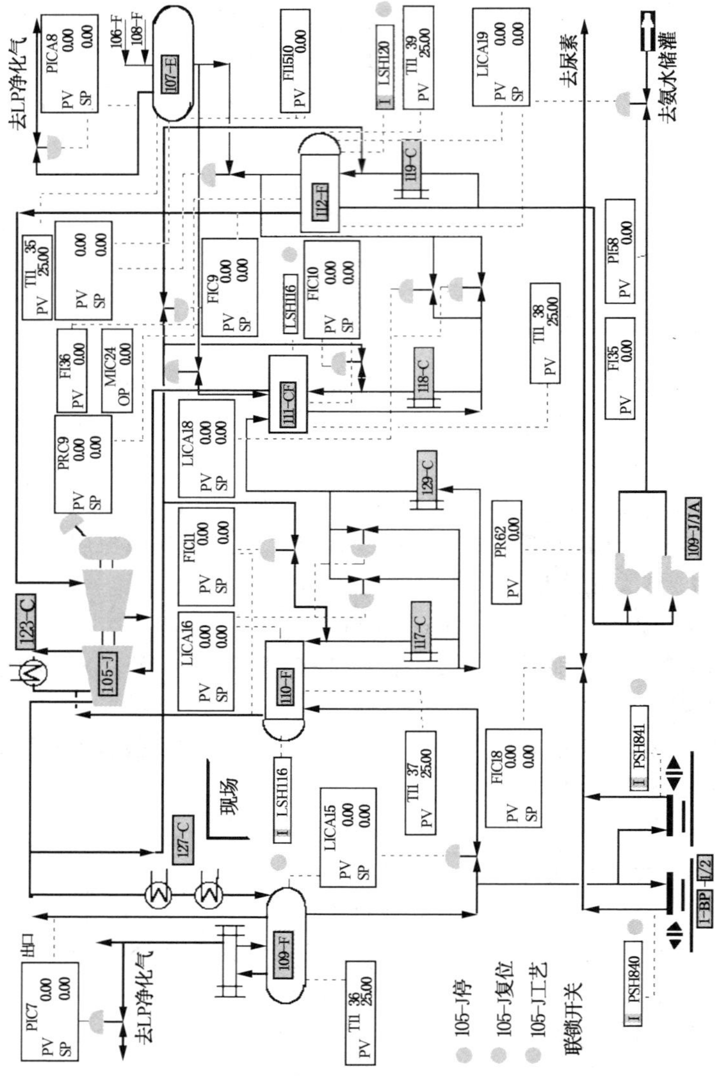

图 3-4　冷冻系统 DCS 图

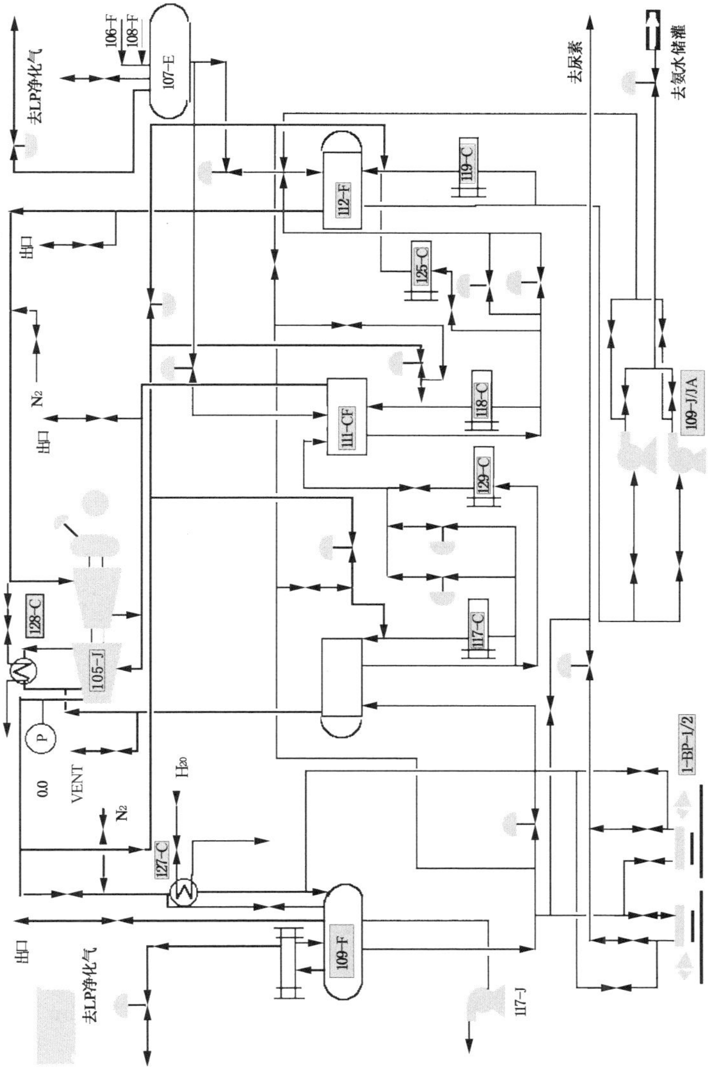
106-F
108-F
107-E
去LP净化气
112-F
119-C
去尿素
去氨水储灌
出口
125-C
N2
118-C
111-CF
129-C
109-J/JA
117-C
128-C
105-J
P
0.0
VENT
H20
127-C
109-F
117-J
1-BP-1/2

图 3-5　冷冻系统现场图

（14）关制冷阀（见现场图 3－5 关阀 VX0005、VX0006、VX0007）。

（15）当 112－F 液位达 20%时，启动 109－J 向外输送冷氨。

（16）当 109－F 液位达 50%时，启动 1－3P 向外输送热氨。

第三节　正常操作规程

一、合成岗位操作参数

合成岗位主要操作指标见表 3－3～表 3－5。

表 3－3　温度设计值

序号	位　号	说　　明	设计值/℃
1	TR6－15	出 103－J 二段工艺气温度	120
2	TR6－16	入 103－J 一段工艺气温度	40
3	TR6－17	工艺气经 124－C 后温度	38
4	TR6－18	工艺气经 117－C 后温度	10
5	TR6－19	工艺气经 118－C 后温度	－9
6	TR6－20	工艺气经 119－C 后温度	－23.3
7	TR6－21	入 103－J 二段工艺气温度	38
8	TI1－28	工艺气经 123－C 后温度	166
9	TI1－29	工艺气进 119－C 温度	－9
10	TI1－30	工艺气进 120－C 温度	－23.3
11	TI1－31	工艺气出 121－C 温度	140
12	TI1－32	工艺气进 121－C 温度	23.2
13	TI1－35	107－F 罐内温度	－23.3
14	TI1－36	109－F 罐内温度	40
15	TI1－37	110－F 罐内温度	4
16	TI1－38	111－F 罐内温度	－13
17	TI1－39	112－F 罐内温度	－33
18	TI1－46	合成塔一段入口温度	401
19	TI1－47	合成塔一段出口温度	480.8
20	TI1－48	合成塔二段中温度	430
21	TI1－49	合成塔三段入口温度	380

续表

序号	位　号	说　　明	设计值/℃
22	TI1-50	合成塔三段中温度	400
23	TI1-84	开工加热炉 102-B 炉膛温度	800
24	TI1-85	合成塔二段中温度	430
25	TI1-86	合成塔二段入口温度	419.9
26	TI1-87	合成塔二段出口温度	465.5
27	TI1-88	合成塔二段出口温度	465.5
28	TI1-89	合成塔三段出口温度	434.5
29	TI1-90	合成塔三段出口温度	434.5
30	TR1-113	工艺气经 102-B 后进塔温度	380
31	TR1-114	合成塔一段入口温度	401
32	TR1-115	合成塔一段出口温度	480
33	TR1-116	合成塔二段中温度	430
34	TR1-117	合成塔三段入口温度	380
35	TR1-118	合成塔三段中温度	400
36	TR1-119	合成塔塔顶气体出口温度	301
37	TRA1-120	循环气温度	144
38	TR5-(13-24)	合成塔 105-D 塔壁温度	140.0

表 3-4　压力设计值

序号	位　号	说　　明	设计值/MPa
1	PI59	108-F 罐顶压力	10.5
2	PI65	103-J 二段入口流量	6.0
3	PI80	103-J 二段出口流量	12.5
4	PI58	109-J/JA 后压	2.5
5	PR62	1-3P-1/2 后压	4.0
6	PDIA62	103-J 二段压差	5.0

表 3-5　流量设计值

序号	位　号	说　　明	设计值/(kg/h)
1	FR19	104-F 的抽出量	11000
2	FI62	经过开工加热炉的工艺气流量	60000
3	FI63	弛放氢气量	7500
4	FI35	冷氨抽出量	20000
5	FI36	107-F 到 111-F 的液氨流量	3600

第四节　装置正常停工过程

一、合成系统停车

（1）关阀 MIC18 弛放气。

（2）停泵 1-3P-1/2。

（3）工艺气由 MIC-25 放空，103-J 降转速。

（4）依次打开 FCV14、FCV8、FCV7，注意防喘振。

（5）逐步关阀 MIC14、MIC15、MIC16、MIC11、MIC12 合成塔降温。

（6）106-F 液位 LICA-13 降至 5%时，关 LCV-13。

（7）108-F 液位 LICA-14 降至 5%时，关 LCV-14。

（8）关 SP-1、SP-70。

（9）停 125-C、129-C。

（10）停 103-J 。

二、冷冻系统停车

（1）渐关阀 FV11、105-J 降转速。

（2）关 MIC-24。

（3）107-F 液位 LICA-12 降至 5%时关 LCV-12。

（4）图 3-5 现场开三个制冷阀 VX0005、VX0006、VX0007，提高温度，蒸发剩余液氨。

（5）待 112-F 液位 LICA-19 降至 5%时，停泵 109-JA/B。

（6）停 105-J。

第五节 事故列表

一、105-J 跳车

1. 事故原因

105-J 跳车。

2. 事故现象

（1）FIC-9、FIC-10、FIC-11 全开。

（2）LICA-15、LICA-16、LICA-18、LICA-19 逐渐下降。

3. 处理方法

（1）停 1-3P-1/2，关出口阀。

（2）全开 FCV14、FCV7、FCV8，开 MIC25 放空，103-J 降转速。

（3）按 SP-1A、SP-70A。

（4）关 MIC-18、MIC-24，氢回收去 105-F 截止阀。

（5）LCV13、LCV14、LCV12 手动关掉。

（6）停 109-J，关出口阀。

（7）LCV15、LCV16A/B、LCV18A/B、LCV19 置手动关。

二、1-3P-1(2)跳车

1. 事故原因

1-3P-1(2)跳车。

2. 事故现象

109-F 液位 LICA15 上升。

3. 处理方法

（1）打开 LCV15，调整 109-F 液位。

（2）启动备用泵。

三、109-J 跳车

1. 事故原因

109-J 跳车。

2. 事故现象

112-F 液位 LICA19 上升。

3. 事故处理

（1）关小 LCV18A/B、LCV12。

（2）启动备用泵。

四、103-J 跳车

1. 事故原因

103-J 跳车。

2. 事故现象

（1）SP-1、SP-70 全关。

（2）FIC-7、FIC-8、FIC-14 全开。

（3）PCV-182 开大。

3. 处理方法

（1）打开 MIC25，调整系统压力。

（2）关闭 MIC18、MIC24，氢回收去 105-F 截止阀。

（3）105-J 降转速，冷冻调整液位。

（4）停 1-3P，关出口阀。

（5）LCV13、LCV14、LCV12 手动关掉。

（6）关 MIC13、MIC14、MIC15、MIC16、HCV1、MIC23。

（7）切除 129-C、125-C。

（8）停 109-J，关出口阀。

第六节　自动保护系统

在装置发生紧急事故，无法维持正常生产时，为控制事故的发展，避免事故蔓延发生恶性事故，确保装置安全，并能在事故排除后及时恢复生产。

（1）在装置正常生产过程中，自保切换开关应在“ON”位置，表示自保投用。

（2）开车过程中，自保切换开关应在“OFF”位置，表示自保摘除。自保名称与自保值见表 3-6。

表 3-6　自保名称与自保值

自保名称	自保值	自保名称	自保值
LSH109	90	PSH840	25.9
LSH111	90	PSH841	25.9
LSH116	80	FSL85	25000
LSH120	60		

第七节　下位机画面设计

一、DCS 用户画面设计

① DCS 画面的颜色、显示及操作方法均与真实 DCS 系统保持一致。

② 一般调节阀的流通能力按正常开度为 50%设计。

二、现场操作画面设计

1. 现场操作画面设计说明

① 现场操作画面是在 DCS 画面的基础上改进而完成的，大多数现场操作画面都有与之对应的 DCS 流程图画面。

② 现场画面均以 C 字母作为结束符。

③ 现场画面上光标变为手形处为可操作点。

④ 现场画面上的模拟量（如手操阀）、开关量（如开关阀和泵）的操作方法与 DCS 画面上的操作方法相同。

⑤ 一般现场画面上红色的阀门、泵及工艺管线表示这些设备处于“关闭”状态，绿色表示设备处于“开启”状态。

⑥ 单工段运行时，对换热器另一侧物流的控制通过在现场画面上操作该换热器来实现；全流程运行时，换热器另一侧的物流由在其他工段进行的操作来控制。冷却水及蒸汽量的控制在各种情况下均在现场画面上完成。

2. 现场画面列表

现场画面列表见表 3-7。

表 3-7 现场画面列表

画面名称	说明
A0401C	合成系统现场图
A0601C	冷冻系统现场图

思考题

1. 氨合成塔的热点温度如何控制？

2. 氨合成塔的入口温度如何控制？

3. 氨合成塔的催化床层温度如何调节？

4. 氨合成塔的主要操作参数有哪些？应控制在什么范围？

5. 循环压缩机已经启动，但合成塔压力不升是什么原因？

6. 开车时为什么要开 117-J 泵注液氨？

7. 开车时为什么要逐渐关小防喘振阀 FIC7、FIC8、FIC14？

8. 当合成塔入口温度达到反应温度 380℃ 时，关 MIC17、102-B 熄火，为什么？

9. 如何建立 110-F、111-F、112-F 的液位？保持各自液位的有什么重要性？

10. 出低压段的新鲜气为什么要经过136-C、116-C、129-C三级冷却器？

11. 氨压缩机(105-J)的作用？

12. 合成系统停车的要点是什么？

13. 冷冻系统停车的要点是什么？

14. 105-J跳车的现象及处理方法？

15. 103-J跳车的现象及处理方法？

第四章　常减压装置系统

第一节　装 置 概 况

本装置为常减压蒸馏装置，原油用原油泵抽送到换热器，换热至110℃左右，加入一定量的破乳剂和洗涤水，充分混合后进入一级电脱盐罐。同时，在高压电场的作用下，使油水分离。脱水后的原油从一级电脱盐罐顶部集合管流出后，再注入破乳剂和洗涤水充分混合后进入二级电脱盐罐，同样在高压电场作用下，进一步油水分离，达到原油电脱盐的目的。然后再经过换热器加热到一般大于200℃进入蒸发塔，在蒸发塔拨出一部分轻组分。

拔头油再用泵抽送到换热器继续加热到280℃以上，然后去常压炉升温到356℃进入常压塔。在常压塔拔出重柴油以前组分，高沸点重组分再用泵抽送到减压炉升温到386℃进减压塔，在减压塔拨出润滑油料，塔底重油经泵抽送到换热器冷却后出装置。图4-1为常减压装置全貌图(本章后)。

一、工艺流程简述

1. 原油系统换热

罐区原油(65℃)由原油泵(P101/1，2)抽入装置后，首先与初顶、常顶汽油(H-101/1-4)换热至80℃左右，然后分两路进行换热：一路原油与减一线(H-102/1，2)、减三线(H-103/1，2)、减一中(H-105/1，2)换热至140℃左右；二路原油与减二线(H-106/1，2)、常一线(H-107)、常二线(H-108/1，2)、常三线(H-109/1，2)换热至140℃左右，然后两路汇合后进入电脱盐罐(R-101/1，2)进行脱盐脱水。

脱盐后原油（130℃左右）从电脱盐出来分两路进行换热，一路原油与减三线（H-103/3，4）、减渣油（H-104/3-7）、减三线（H-103/5，6）换热至235℃；二路原油与常一中（H-111/1-3）、常二线（H-108/3）、常三线（H-109/3）、减二线（H-106/5，6）、常二中（H-112/2，3）、常三线（H-109/4）换热至235℃左右；两路汇合后进入初馏塔（T-101）。也可直接进入常压炉。

闪蒸塔顶油气以180℃左右进入常压塔第28层塔板上或直接进入汽油换热器（H-101/1-4），空冷器（L-101/1-3）。

拔头原油经拔头原油泵（P102/1，2）抽出与减四线（H-113/1）换热后分两路：一路与减二中（H-110/2-4）、减四线（H-113/2）换热至281℃左右；二路与减渣油（H-104/8-11）换热至281℃左右，两路汇合后与减渣油（H-104/12-14）换热至306.8℃左右再分两路进入常压炉对流室加热，然后再进入常压炉辐射室加热至要求温度入常压塔（T-102）进料段进行分馏。

2. 常压塔

常压塔顶油先与原油（H-101/1-4）换热后进入空冷（L-101/1，2），再入后冷器（L-103/3）冷却，然后进入汽油回流罐（R-102）进行脱水，脱出的水放入下水道。汽油经过汽油泵（P103/1，2）一部分打顶回流，一部分外放。不凝汽则由R-102引至常压瓦斯罐（R-103），冷凝下来的汽油由R-103底部返回R-102，瓦斯由R-103顶部引至常压炉作自产瓦斯燃烧，或放空。

常一线从常压塔第32层（或30层）塔板上引入常压汽提塔（T-103）上段，汽提油汽返回常压塔第34层塔板上，油则由泵（P106/1，2）自常一线汽提塔底部抽出，与原油换热（H-107）后经冷却器（L-102）冷却至70℃左右出装置。

常二线从常压塔第22层（或20层）塔板上引入常压汽提塔（T-103）中段，汽提油汽返回常压塔第24层塔板上，油则由泵

（P107，P106/2）自常二线汽提塔底部抽出，与原油换热（H-108/1，2）后经冷却器（L-103）冷却至70℃左右出装置。

常三线从常压塔第11层（或9层）塔板上引入常压汽提塔（T-103）下段，汽提油汽返回常压塔第14层塔板上，油则由泵（P108/1，2）自常三线汽提塔底部抽出，与原油换热（H-109/1-4）后经冷却器（L-104）冷却至70℃左右出装置。

常压一中油自常压塔顶第25层板上由泵（P110/1，2）抽出与原油换热（H-111/1-3）后返回常压塔第29层塔板上。

常压二中油自常压塔顶第15层板上由泵（P110/2，P111）抽出与原油换热（H-112/2，3）后返回常压塔第19层塔板上。

常压渣油经塔底泵（P109/1，2）自常压塔（T-102）底抽出，分两路去减压炉（炉-102，103）对流室，辐射室加热后合成一路以工艺要求温度进入减压塔（T-104）进料段进行减压分馏。

3. 减压塔

减顶油汽二级抽真空系统后，不凝汽自L-110/1，2放空或入减压炉（炉-102）作自产瓦斯燃烧。冷凝部分进入减顶油水分离器（R-104）切水，切出的水放入下水道，污油进入污油罐进一步脱水后由泵（P118/1，2）抽出装置，或由缓蚀剂泵抽出去闪蒸塔进料段或常一中进行回炼。

减一线油自减压塔上部集油箱由减一线泵（P112/1，2）抽出与原油换热（H-102/1，2）后经冷却器（L-105/1，2）冷却至45℃左右，一部分外放，另一部分去减顶作回流用。

减二线油自减压塔引入减压汽提塔（T-105）上段，油汽返回减压塔，油则由泵（P113，P112/1）抽出与原油换热（H-106/1-6）后经冷却器（L-106）冷却至50℃左右出装置。

减三线油自减压塔引入减压汽提塔（T-105）中段，油汽返回减压塔，油则由泵（P114/1，2）抽出与原油换热（H-103/1-6）后经冷却器（L-107）冷却至80℃左右出装置。

减四线油自减压塔引入减压汽提塔（T-105）下段，油汽返回减压塔，油则由泵（P115、P114/2）抽出，一部分先与原油换热（H-113/1，2），再与软化水换热（H-113/3，4->H-114/1，2）后经冷却器（L-108）冷却至50~85℃左右出装置；另一部分打入减压塔四线集油箱下部作冲洗油用。

冲洗油自减压塔由泵（P116/1，2）抽出后与L-109/2换热，一部分返塔作脏洗油用，另一部分外放。

减一中油自减压塔一、二线之间由泵（P110/1，2）抽出与软化水换热（H-105/3），再与原油换热（H-105/1，2）后返回减压塔。

减二中油自减压塔三、四线之间由泵（P111、P110/2）抽出与原油换热（H-110/2-4）后返回减压塔。

减压渣油自减压塔底由泵（P117/1，2）抽出与原油换热（H-104/3-14）后，经冷却器（L-109）冷却后出装置。

二、主要设备工艺控制指标

主要设备工艺控制指标见表4-1~表4-4。

表4-1　初馏塔（T-101）控制指标

名　　称	温度/℃	压力（表）/MPa	流量/（t/h）
进料流量	235	0.065	126.262
塔底出料	228	0.065	121.212
塔顶出料	230	0.065	5.05

表4-2　常压塔（T-102）控制指标

名　　称	温度/℃	压力（表）/MPa	流量/（t/h）
常顶回流出塔	120	0.058	
常顶回流返塔	35		10.9
常一线馏出	175		6.3
常二线馏出	245		7.6
常三线馏出	296		9.4
进料	345		121.2121
常一中出/返	210/150		24. 499
常二中出/返	270/210		28. 0
常压塔底	343		101. 8

表 4-3　减压塔(T-104)控制指标

名　　称	温度/℃	压力/mmHg	流量/(t/h)
减顶出塔	70	-700	
减一线馏出/回流	150/50		17.21/13
减二线馏出	260		11.36
减三线馏出	295		11.36
减四线馏出	330		10.1
进料	385		
减一中出/返	220/180		59.77
减二中出/返	305/245		46.687
脏油出/返			
减压塔底	362		61.98

表 4-4　常压炉(F-101)、减压炉(F-102、F-103)控制指标

名　称	氧含量/%	炉膛负压/mmHg	炉膛温度/℃	炉出口温度/℃
F-101	3~6	2.0	610.0	368.0
F-102	3~6	2.0	770.0	385.0
F-103	3~6	2.0	730.0	385.0

第二节　装置冷态开工过程

一、开工具备的条件

(1) 与开工有关的修建项目全部完成并验收合格。

(2) 设备、仪表及流程符合要求。

(3) 水、电、汽、风及化验能满足装置要求。

(4) 安全设施完善，排污管道具备投用条件，操作环境及设备要清洁整齐卫生。

二、开工前的准备

(1) 准备好黄油、破乳剂、20#机械油、液氨、缓蚀剂、碱等辅助材料。

(2) 原油含水≯1%，油温不高于 50℃，原油与付炼联系，外操做好从罐区引燃料油的工作。

(3) 准备好开工循环油、回流油、燃料气(油)。

三、装油

装油的目的是进一步检查机泵情况，检查和发现仪表在运行中存在的问题，脱去管线内积水，建立全装置系统的循环。

(一) 常减压装油流程及步骤

1. 常压装油流程

(1) 原油罐→P101/1，2→H-101/1，4→

→H-106/1，2→H-107→H-108/1，2→
H-109/1，2→H-106/3，4→H-102/1，2 →
H-103/1，2→H-105/1，2

→R-101/1，2

(2) R-101/1，2→
→H-111/1，2→ H-108/3 →
H-109/3→H-106/5，6→
H-112/2，3→H-109/4→
H-103/3，4→H-104/3-7→
H-103/5，6
→T-101

(3) T-101 底→P102/1，2→H-113/1→
→H-110/2-4→H-113/2
→H-104/8-11
→H-104/12-14→炉-101 对流室→炉-101 辐射室 → T102

2. 常压装油步骤

(1) 启动原油泵 P-101/1，2(在泵图 4-2 页面上点 P-101/1，2 一下，其中一个泵变绿色表示该泵已经开启)，打开调节阀 FIC-1101、TIC-1101 开度为 50%，将原油引入装置。

原油一路经换热器 H-105/2，另一路经 H-106/4；现场打开 VX0001，VX0002，VX0007 开度为 100%；

(2) 两路混合后经含盐压差调节阀 PDIC-1101(开度为 50%)到电脱盐罐 R-101/1；

(3) 再打开 PDIC-1102(开度为 50%)引油到电脱盐 R-101/

2，后经两路换热器 H-109/4 一路和 H-103/6 一路；

（4）打开温度调节阀 TIC-1103(开度 50%，使原油到初馏塔（T-101)，建立初馏塔塔底液位；

（5）待初馏塔 T-101 底部液位 LIC-1103 达到 50%时，启动初馏塔底泵 P102/1，2(去泵现场图 4-1 查找该泵，左键点击一次开启该泵，以下同)；

（6）打开塔底流量调节阀 FIC-1104(逐渐开大到 50%)，打开 TIC1102(开度为 50%)流经换热器组 H-113/2 和 H-104/11、H-104/1；

（7）分两股进入常压炉(F-101)；在常压炉的 DCS 画面上(图 4-7)打开进入常压炉流量调节阀 FIC1106、FIC1107(开度各为 50%)；

（8）原油经过常压炉(F-101)的对流室、辐射室；

（9）两股出料合并为一股进入到常压塔(T-102)进料段(即显示的 TO T102)；

（10）观察常压塔塔低液位 LIC1105 的值,并调节初馏塔进出流量阀,控制初馏塔塔底液位 LIC1103 为 50%左右(即 PV=50)。

（二）减压装置流程及步骤

1. 减压装油流程

T-102→P109/1，2→炉-102，103→T-104

2. 减压装油步骤

（1）待常压塔 T-102 底部液位 LIC-1105 达到 50%时(即 PV=50)，启动常压塔底泵 P109/1，2 其中一个(方法同上述启动泵的方法)；

（2）打开 FIC-1111 和 FIC-1112(开度逐渐开大到 50%左右，调节 LIC1105 为 50%)，分两路进入减压炉 F-102 和 F-103 的对流室、辐射室；

（3）经两炉 F-102 和 F-103 后混合成一股进料，进入减压塔T-104；

（4）待减压塔 T-104 底部液位 LIC-1201 达到 50%时(即

PV=50左右)，启动减压塔底 P117/1，2 其中一个；

（5）打开减压塔塔底抽出流量控制阀 FIC-1207，开度逐渐开大，控制塔底液位为 50%左右。并到减压系统图现场打开开工循环线阀门 VX0040，然后停原油泵；装油完毕。

注：首先看现场图的手阀是否打开，确认该路管线畅通。

然后到 DCS 画面(图 4-11)上，先开泵，再开泵后阀，建立液位。

进油同时注意电脱盐罐 R101/1，2 切水。即：间断打开 LIC1101、LIC1102 水位调节阀，控制不超过 50%。

四、冷循环

冷循环的目的主要是检查工艺流程是否有误，设备、仪表是否有误，同时脱去管线内部残存的水。

待切水工作完成，各塔底液面偏高后(50%左右)，便可进行冷循环。

冷循环流程：

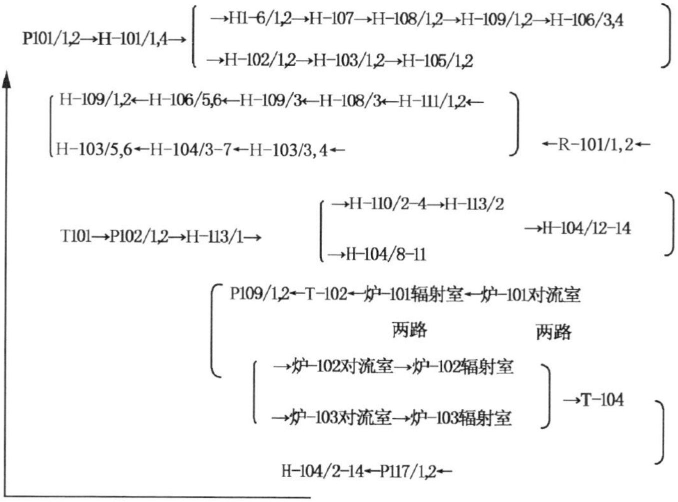

（1）冷循环具体步骤与装油步骤相同，流程不变；

（2）冷循环时要控制好各塔液面稍过50%左右（LIC1103、LIC1105、LIC1201），并根据各塔液面情况进行补油；

（3）R-101/1，2底部要经常反复切水：间断打开LIC1101、LIC1102水位调节阀，控制不超过50%；

（4）各塔底用泵切换一次，检查机泵运行情况是否良好（在该仿真中不做具体要求）；

（5）换热器、冷却器副线稍开，让油品自副线流过（在该仿真中不做具体要求）；

（6）各调节阀均为手动，随时调节流量大小；

（7）检查塔顶汽油，瓦斯流程是否打开，防止憋压（现场打开VX008初馏塔顶，VX0042、VX0050、VX0017、VX0020、VX0018常压塔顶部。VX0019从初馏塔出来到常压塔中部偏上进气线，位置在常压塔现场图；

（8）启用全部有关仪表显示；

（9）如果循环油温低于50℃时即TI1109，炉F-101可以间断点火，但出口温度不高于80℃即TI1113或TI1112不高于80℃；

（10）冷循环工艺参数平稳后（主要是3个塔液位控制在50%左右，运行时间可少于4h，在此做好热循环的各项准备工作）。

注：加热炉简单操作步骤（以常压炉为例：在常压炉的DCS图中（图4-7）打开烟道挡板HC1101开度50%，打开风门ARC1101，开度为50%左右，打开PIC1102，开度逐渐开大到50%，调节炉膛负压，到现场打开自然风现场打开VX0013，开度为50%左右，点燃点火棒，现场点击IGNITION为开状态。再在DCS画面中（图4-7）捎开瓦斯气流量调节阀TIC11105，逐渐开大调节温度，见到加热炉底部出现火燃标志图证明加热炉点火成功。调节时可调节自然风风门、瓦斯及烟道挡板的开度，来控制各指标。）

实际加热炉的操作包括烘炉等细节，仿真这里不做具体要求。

五、热循环

当冷循环无问题处理完毕后，开始热循环，流程不变。

1. 热循环前准备工作

（1）分别到各自现场图中打开 T-101，T-102，T-104 的顶部阀门，防止塔内憋压(部分在前面已经开启)。

（2）在现场图(图 4-2)中启动空冷风机 K-1，2。

① 到 3 号和 5 号图的现场画面中打开各冷凝冷却器给水阀门，检查T-102、T-104 馏出线流程是否完全贯通，防止塔内憋压。

常压塔现场图(图 4-6)。

② 打开 VX0051、VX0052、VX0053 开度 50%。

减压塔现场图(图 4-10)：

③ 打开 VX0054、VX0055、VX0056、VX0057、VX0058、VX0059、VX0060 开度为 50%。

（3）循环前在 2 号图(图 4-4)的现场画面将原油入电脱盐罐副线阀门全开，开 VX0079，关 VX0006、VX0001 甩开电脱盐罐 R101/1,2，防止高温原油烧坏电极棒。

2. 热循环升温、热紧过程

（1）炉 F-101、F-102、F-103 开始升温，起始阶段以炉膛温度为准，前两小时温度不得大于 300℃，两小时后以炉 F-101 出口温度为主，以每小时 20～30℃ 速度升温。(在这里我们只要适当控制升温速度即可，不要太快，步骤(2)～(3)在这里可省去，实际在工厂要严格按升温曲线进行升温操作)。

（2）当炉 F-101 出口温度升至 100～120℃ 时恒温 2h 脱水，升至 150℃ 恒温 2～4h 脱水。

（3）恒温脱水至塔底无水声，回路罐中水减少，进料段温度与塔底温度较为接近时，炉 F-101 开始以 每小时 20～25℃ 速度升温至 250℃ 时恒温，全装置进行热紧。

(4) 炉 F-102、F-103 出口温度 TIC1201、TIC1203 始终保持与炉 F-101 出口温度 TIC1104 平衡，温差不得大于 30℃；

(5) 常压塔顶温度 TIC1106 升至 100~120℃时，联系轻质油引入汽油开始打顶回流(在常压塔塔顶回流现场图中打开轻质油线阀 VX0081，打开 FIC1110 开度要自己调节，此时严格控制水液面，严禁回流带水)。

(6) 常压炉 F-101 出口温度升至 300℃时，常压塔自上而下开侧线，开中段回流(到现场图中(图 4-8)打开手阀及机泵，在 DCS 操作画面中打开各调节阀)。

常压塔现场操作部分：

依次打开 FIC1116、FIC1115、FIC1114 开度为 50%，

FIC1108、TIC1107、FIC1109、TIC1108 开度为 50%，

泵 P104、P105、P103、P106、P107、P108

升温阶段即脱水阶段，塔内水份在相应的压力下开始大量汽化，所以，必须加倍注意，加强巡查，严防 P102/1，2、P109/1，2、P117/1，2 泵抽空。同时再次检查塔顶汽油线是否导通，以免憋压。

3. 热循环过程注意事项

(1) 热循环过程中要注意整个装置的检查，以防泄漏或憋压；

(2) 各塔底泵运行情况，发现异常及时处理；

(3) 严格控制好各塔底液面；

(4) 升温同时打开 F-101、F-102、F-103 过热蒸汽(分别在图 4-7 和图 4-11 的 DCS 画面中打开 PIC-1203、PIC-1202、PIC-1205 开度为 50%即可)，并放空，防止炉管干烧。

六、常压系统转入正常生产

1. 切换原油

(1) T-102 自上而下开完侧线后，启动原油泵。将渣油改出

装置。启用渣油冷却器 L－109/2，将渣油温度控制在 160℃以内，在 5 号图的现场打开 VX0078、关闭开工循环线 VX0040，原油量控制在 70～80t/h。

（2）导好各侧线，冷换热设备及外放流程，关闭放空，待各侧线来油后，联系调度和轻质油，并启动侧线泵（前面已经打开）侧线外放。

（3）当过热蒸汽温度超过 350℃时，缓慢打开 T－102 底吹汽现场开启 VX0014，关闭过热蒸汽放空阀。

（4）待生产正常后缓慢将原油量提至正常（参数见指标表格）。

2. 常压塔正常生产

（1）切换原油后，F－101 以 20℃/h 的速度升温至工艺要求温度。

（2）F－101 抽空温度正常后，常压塔自上而下开常一中、常二中回流（前面已经做开启了）。

（3）原油入脱盐罐温度低于 140℃时，将原油入脱盐罐，副线开关关闭。

（4）司炉工控制好 F－101 出口温度，常压技工按工艺指标和开工方案调整操作，使产品尽快合格，及时联系调度室将合格产品改入合格罐。

（5）根据产品质量条件控制侧线吹汽量。

3. 注意事项

（1）控制好 V－102 汽油液面及油水界面，待汽油液面正常后停止补汽油，用本装置汽油打回流。

（2）过热蒸汽压力控制在 3.0～3.5kg/cm^2，温度控制在380～450℃。开塔顶部吹汽时要先放净管线内冷凝水，再缓慢开汽，防止蒸汽吹翻塔盘。

（3）R－101/1，2 送电，脱盐工做好脱盐罐切水工作，防止原油含水过大影响操作。

（4）严格控制好侧线油出装置温度。

（5）通知化验室按时作分析。

七、减压系统转入正常生产

1. 开侧线

（1）当常压开侧线后，减压炉开始以 20℃/h 的速度升温至工艺指标要求的范围内；

（2）当过热蒸汽温度超过 350℃ 开减压塔底吹汽现场打开 VX0082，关过热蒸汽放空（仿真中没做）；

（3）当 F-102、F103 出口温度升至 350℃ 时，F-102、F103 开炉管注汽打开 VX0021、VX0026，减压塔开始抽真空。

抽真空分三段进行：

第一段 0~200mmHg，

第二段 200~500mmHg，

第三段 500mmHg~最大。

操作步骤：在抽真空系统图上，先打开冷却水现场阀 VX0086，然后依次打开 VX0084、VX0085 各级抽真空阀门，并打开 VX0034 和泵 P118/1，2；

（4）T-104 顶温度超过工艺指标时，将常三线油倒入减压塔顶打回流待减一线有油后改减一线本线打回流，常三线改出装置，控制塔顶温度在指标范围内；

（5）减压塔自上而下开侧线。操作方法同常压步骤基本相同。

2. 调整操作

（1）当 F-102，F-103 出口温度达到工艺指标后，自上而下开中段回流，开回流时先放净设备管线内存水，严禁回流带水；

（2）侧线有油后联系调度室、轻质油，启动侧线泵将侧线油改入催化料或污油罐；

（3）倒好侧线流程，启动 P116/1，2 开脏洗油系统，同时启用净洗油系统；

（4）根据产品质量调节侧线吹汽流量；

（5）司炉工稳定炉出口温度，减压技工根据开工方案要求尽快调整产品使其合格，将合格产品改进合格罐；

（6）将软化水引入装置，启用蒸汽发生器系统。自产气先排空，待蒸汽合格不含水后，再并入低压蒸汽网络或引入蒸汽系统。

3. 注意事项

（1）开炉管注汽，塔部吹气应先放净管线内冷凝存水；

（2）过热蒸汽压力控制在 2.5～3.0kg/cm^2，温度控制在 380～450℃范围内；

（3）抽真空前先检查抽真空系统流程是否正确。抽真空后，检查系统是否有泄露，控制好 R-105 液面；

（4）控制好蒸汽发生器水液面，自产蒸汽压力不大于 6kg/cm^2；

（5）开净洗油，脏洗油系统，应先放尽过滤器、调节阀等低点冷凝水。应缓慢开启，防止吹翻塔盘；

（6）将常三线油引入减顶打回流前必须检查常三线油颜色，防止黑油污染减压塔。打回流时减一线流量计，外放调节阀走副线。

八、投用一脱三注

（1）生产正常后，将原油入电脱盐温度控制在 120～130℃，压力控制在 8～10kg/cm^2 范围内，电流不大于 150A。然后开始注入破乳剂，水。

（2）常顶开始注氨，注破乳剂。

操作步骤：

在电脱盐图（图 4-4）现场开破乳剂泵 P120 和水泵 P119，然后打开出口阀 VX0037、VX0087 开度 50%，在 DCS 图上

(图 4-3)，打开 FIC1117、FIC1118 开度都为 50%。

注:生产正常,各项操作工艺指标达到要求后,主要调节阀所处状态如下:

① 原油进料流量 FIC1101 投自动，SP=125；

② 初馏塔底液位 LIC1103 投自动，SP=50；

初馏塔底出料 FIC1104 投自动，SP=121；

③ 常压炉出口温度 TIC1104 投自动，SP=368；炉膛温度 TIC1105 投串级；

道含氧量 ARC1101 投自动，SP=4；炉膛负压 PIC1102 投自动，SP=-2；

烟道挡板开度 HC1101 投手动，OP=50；

④ 常压塔塔底液位 LIC1105 投自动，SP=50；塔底出料 FIC1111，FIC1112 都投串级；

塔顶温度 TIC1106 投自动，SP=120；塔顶回流量 FIC1110 投串级；

塔顶分液罐 V-102 油液位 LIC1106 投自动，SP=50；水液位 LIC1107 投自动，SP=50；

⑤ 减压炉出口温度 TIC1201 和 TIC1202 投自动，SP=385；炉膛温度 TIC1203 和 TIC1202 投串级；

风道含氧量 ARC1201 和 ARC1202 投自动，SP=4；炉膛负压 PIC1201 和 PIC1204 投自动，SP=-2；

烟道挡板开度 HC1201 和 HC1202 投手动，OP=50；

⑥ 减压塔塔底液位 LIC1201 投自动，SP=50；塔底出料 FIC1207 投串级；塔顶温度 TIC1205 投自动，SP=70；塔顶回流量 FIC1208 投串级；LIC1202 投自动，SP=50；

⑦ 现场各换热器，冷凝器手阀开度为 50，即 OP=50。各塔底注气阀开度为 50；抽真空系统蒸汽阀开度为 50。泵的前后手阀开度为 50。

图 4-1~图 4-14 的说明：

① 图 4-1DCS 图是整个装置的全貌图，对应的现场图 4-2

是整个装置的机泵图区(相当于工厂的冷热泵房);

② 图 4-3、图 4-4 是电脱盐系统和初馏塔的 DCS 图、现场图;

③ 图 4-5、图 4-6 是常压塔系统的 DCS 图、现场图;

④ 图 4-7、图 4-8 是常压炉系统的 DCS 图、现场图;

⑤ 图 4-9、图 4-10 是减压塔系统的 DCS 图、现场图;

⑥ 图 4-11、图 4-12 是减压炉系统的 DCS 图、现场图;

⑦ 图 4-13、图 4-14 是公用工程系统及抽真空系统的 DCS 图、现场图。

第三节　装置正常停工过程

一、降量

(1) 降量前先停电脱盐系统。

打开 R-101/1,2 原油副线阀门,关闭 R-101/1,2 进出口阀门,停止注水、注剂。静止送电 30min 后开始排水,使原油中水分充分沉降。

① 待 R-101/1,2 内污水排净后,启动 P119/1,2 将 R-101/1,2 内原油自原油循环线打入原油线回炼;

注:待 R-101/1,2 罐内无压力后打开罐顶放空阀。

② R-101/1,2 内原油退完后,将常二线油自脱盐罐冲洗线倒入 R-101/1,2 内进行冲洗。在罐底排污线放空;

③ 各冲洗 1h。

(2) 降量分多次进行,降量速度为 10-15t/h。

(3) 降量初期保持炉出口温度不变,调整各侧线油抽出量,保证侧线产品质量合格。

(4) 降量过程中注意控制好各塔底液面,调节各冷却器用水量,将侧线油品出装置温度控制在正常范围内。

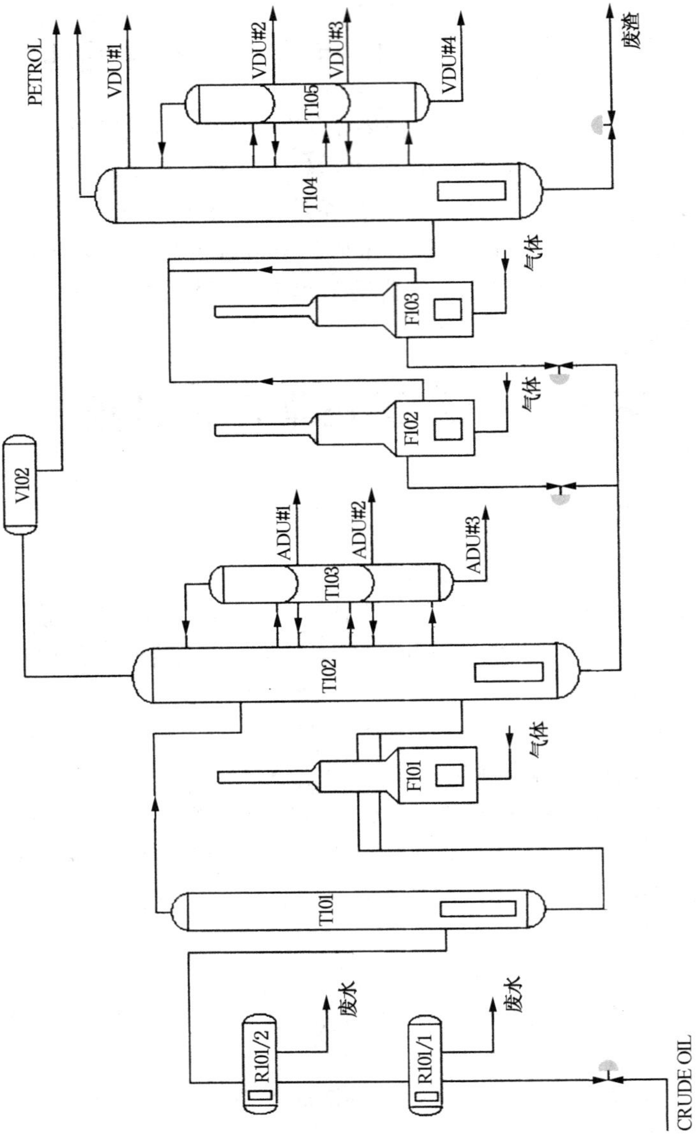

图 4-1　常减压装置全貌图

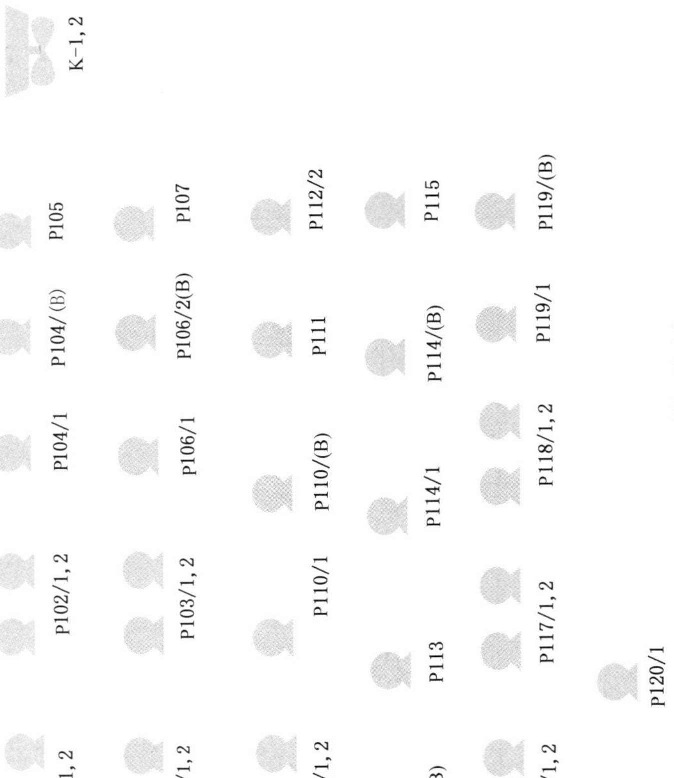
K-1, 2
P105
P104/(B)
P104/1
P102/1, 2
P101/1, 2
P107
P106/2(B)
P106/1
P103/1, 2
P109/1, 2
P112/2
P111
P110/(B)
P110/1
P108/1, 2
P115
P114/(B)
P114/1
P113
P112/(B)
P119/(B)
P119/1
P118/1, 2
P117/1, 2
P116/1, 2
P120/1
P119/3

图 4-2 泵的现场图

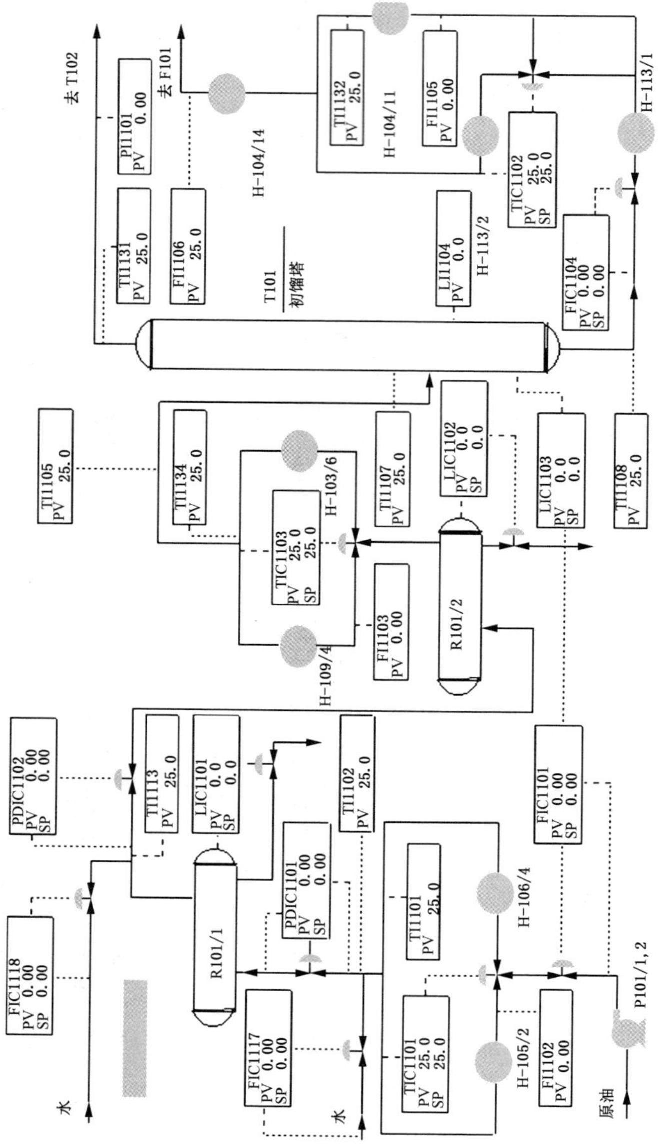

图 4-3 电脱盐系统和初馏塔的DCS图

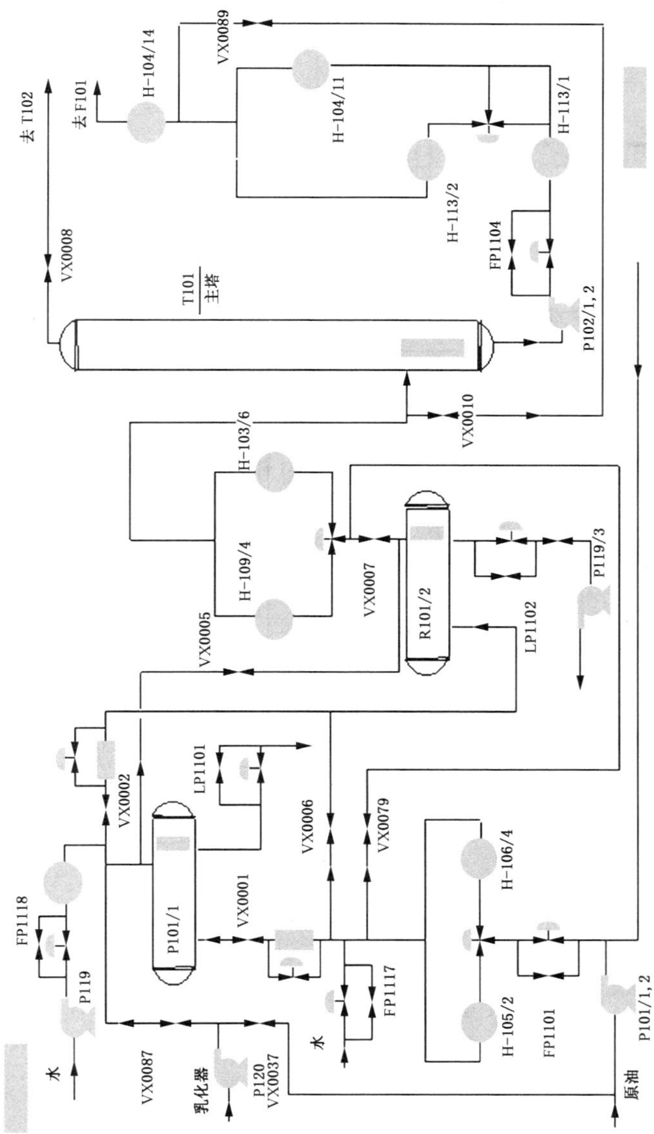

图 4-4　电脱盐系统和初馏塔的现场图

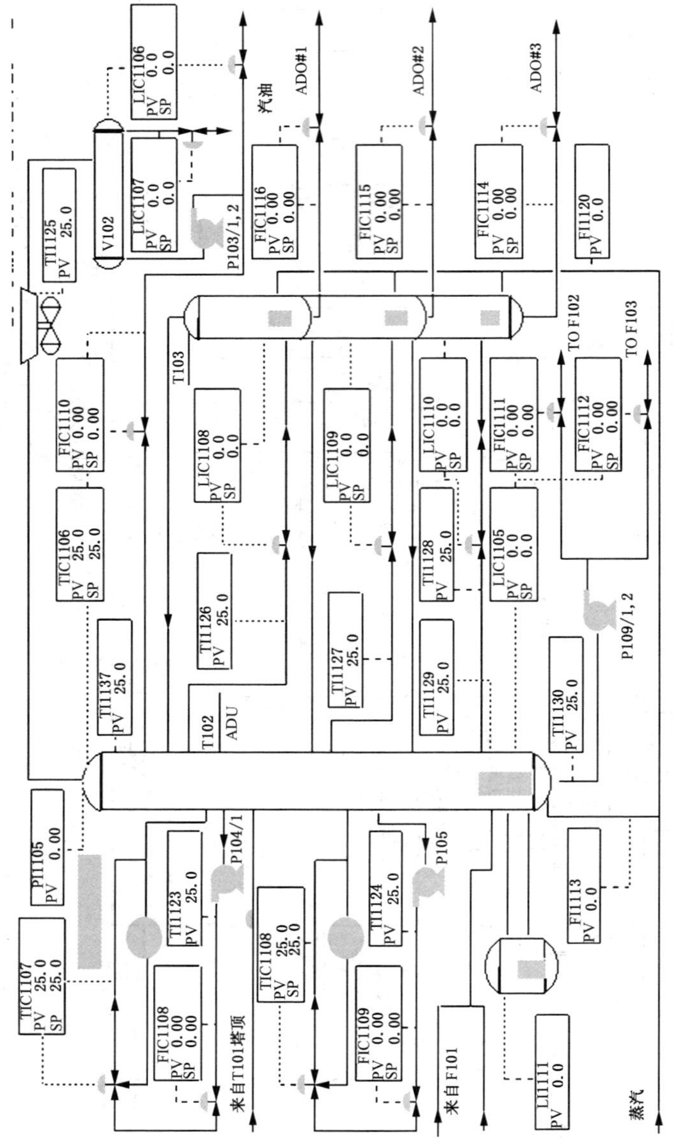

图 4-5　常压塔系统的 DCS 图

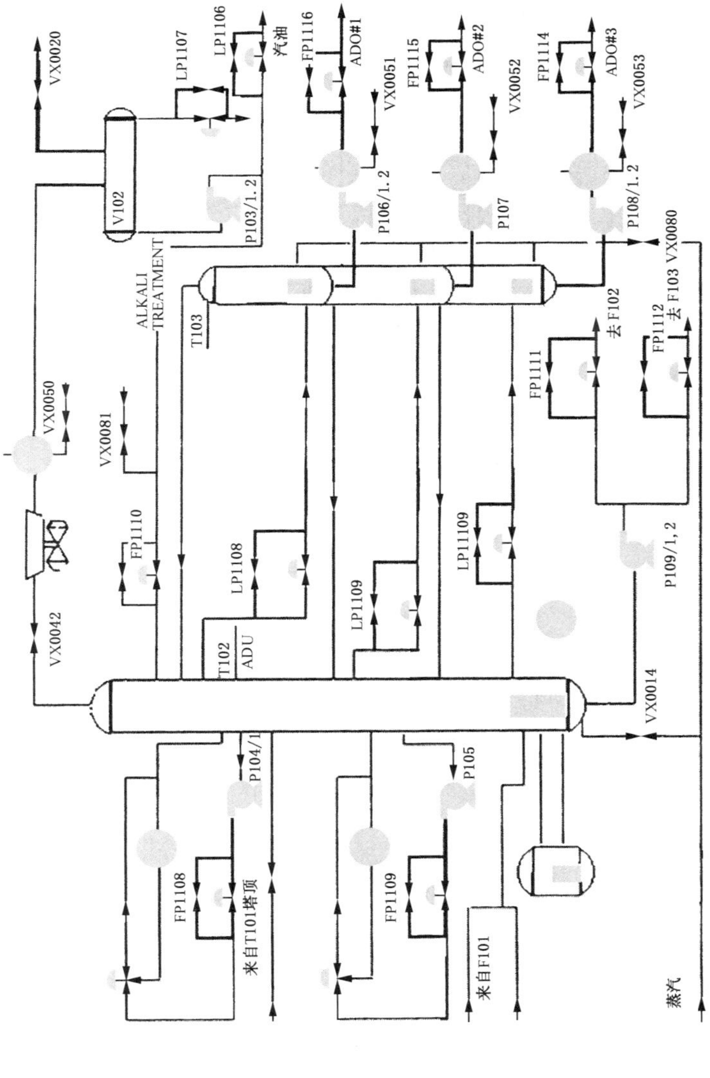

图 4-6 常压塔系统现场图

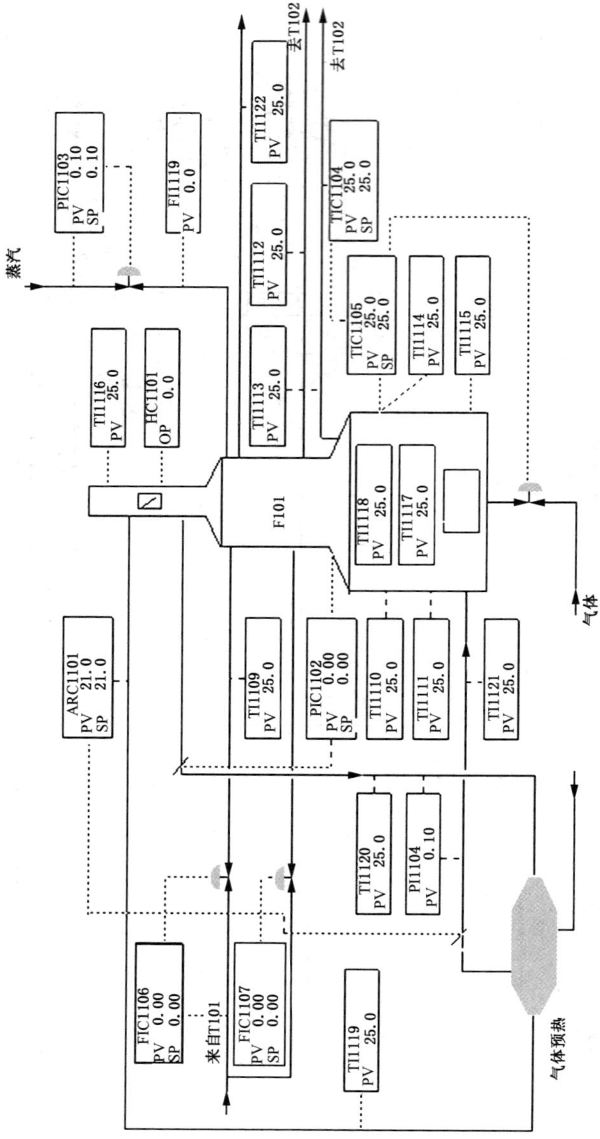

图 4-7 常压炉系统的 DCS 图

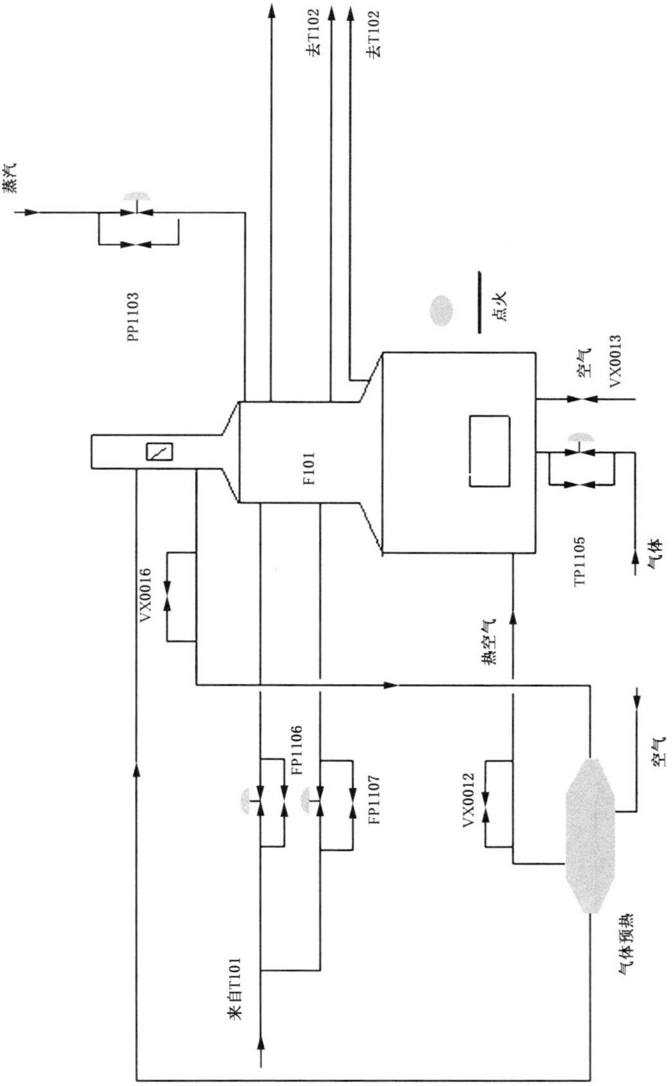

图 4-8　常压炉系统的现场图

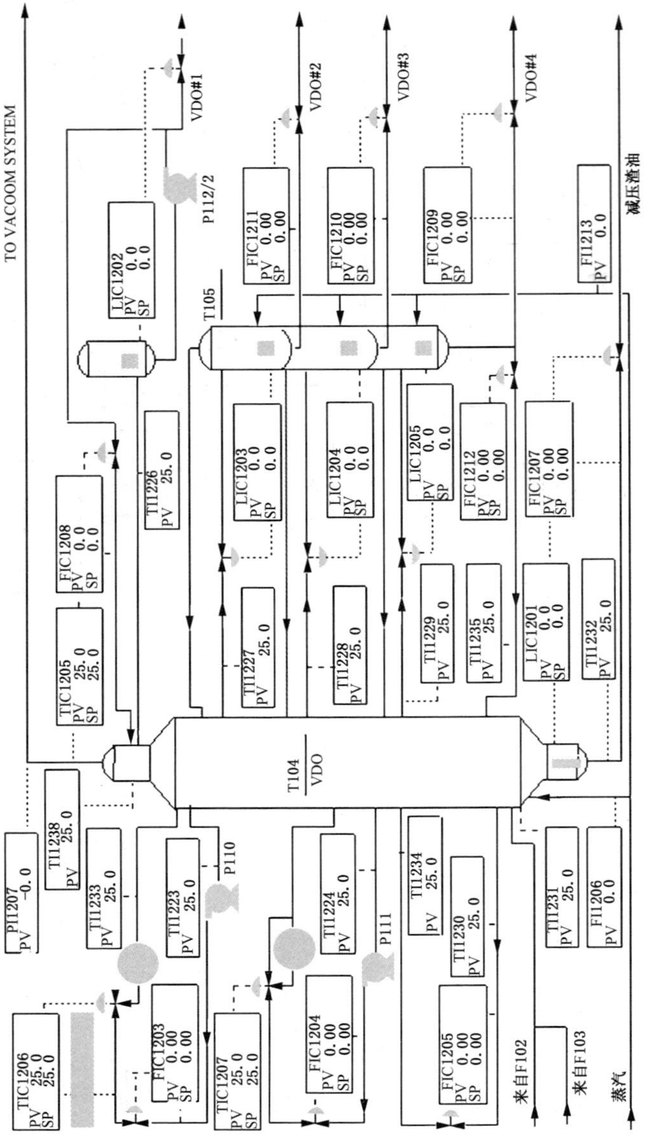

图 4-9 减压塔系统的 DCS 图

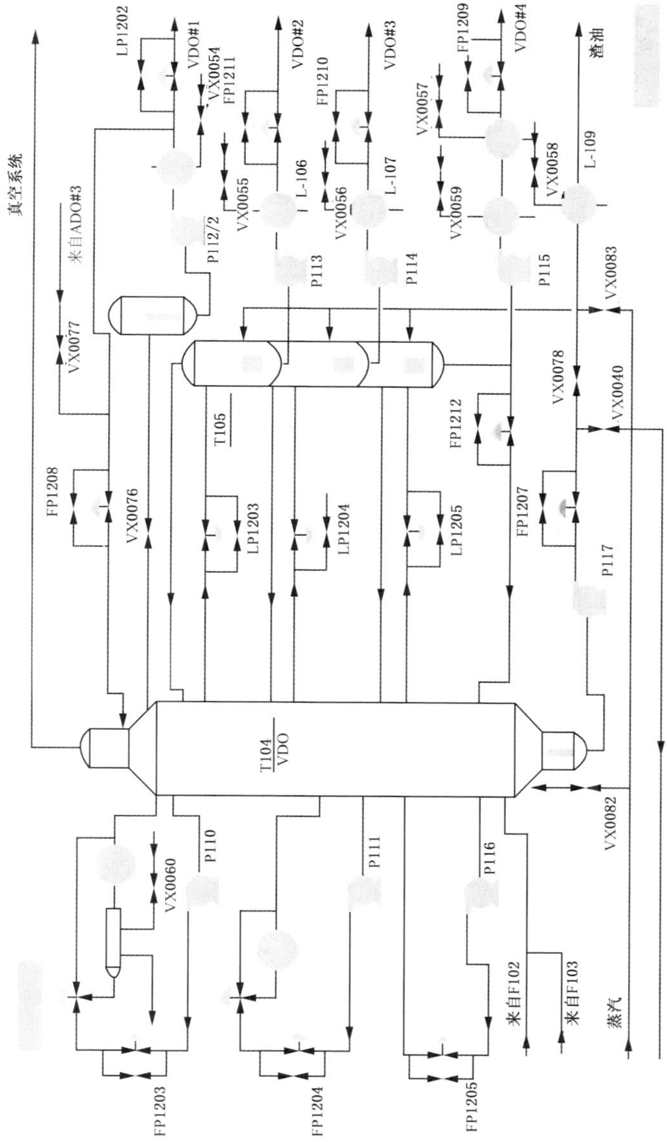

图 4-10 减压塔系统的现场图

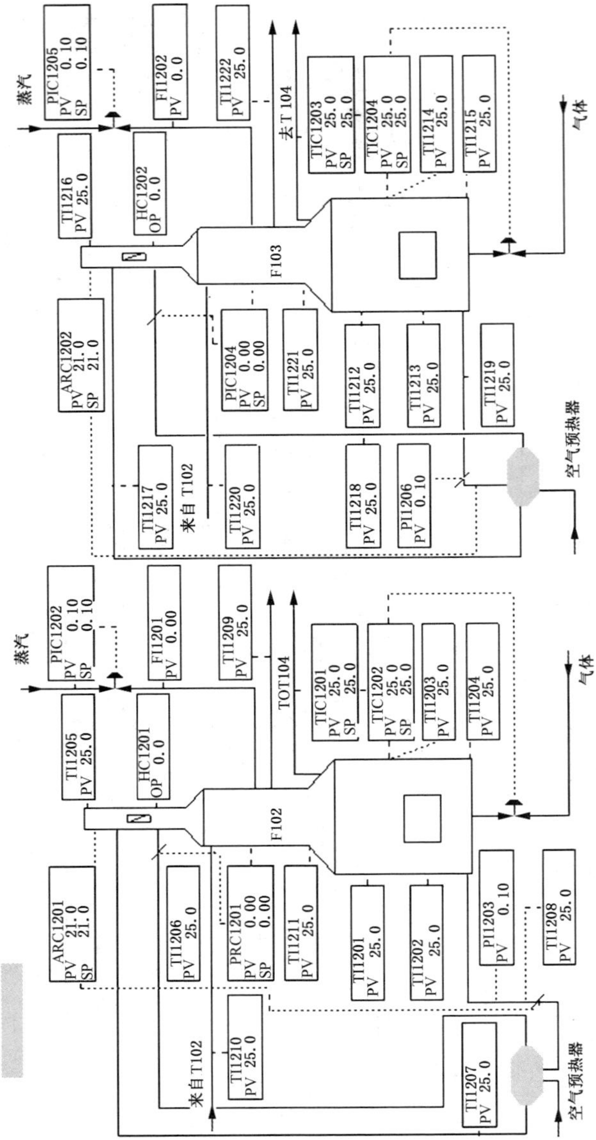

图 4-11 减压炉系统的 DCS 图

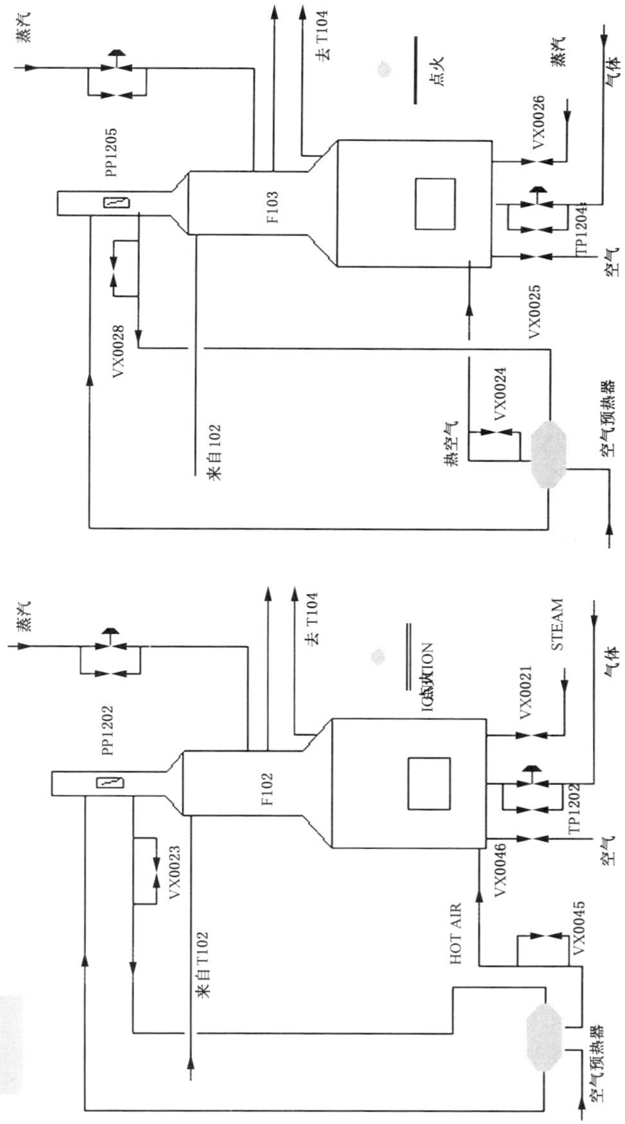

图 4-12　减压炉系统的现场图

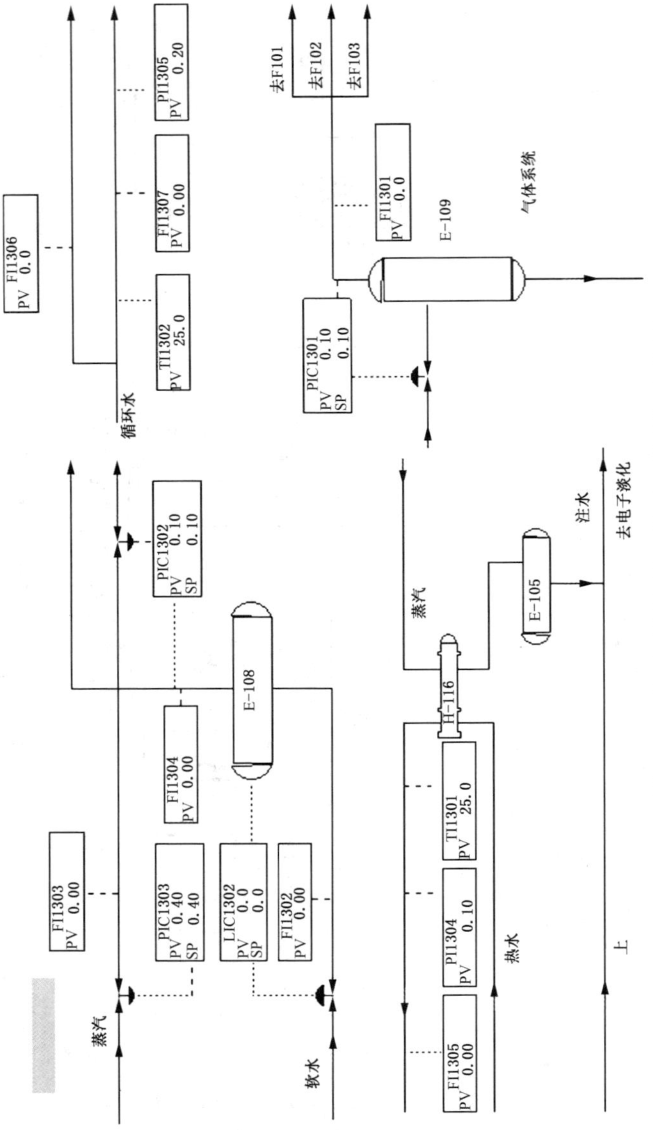

图 4-13　公用工程系统及抽真空系统的DCS图

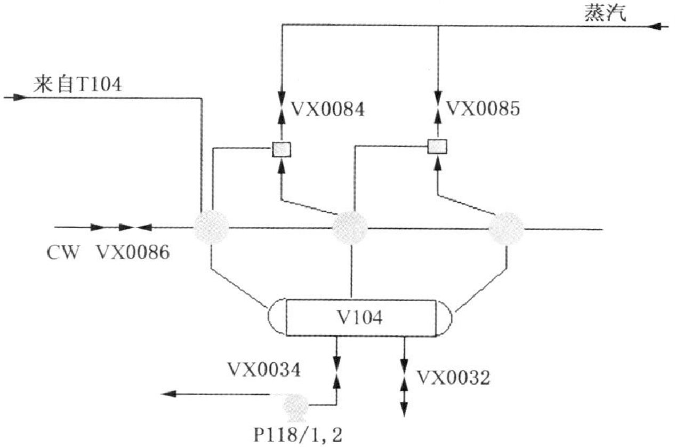

图 4-14　抽真空系统的现场图

二、降量关侧线阶段

（1）当原油量降至正常指标的 60%～70%时开始降炉温。炉出口温度以 25～30℃/h 的速度均匀降温；

（2）降温时将各侧线油品改入催化料或污油罐，常减压各侧线及汽油回流罐控制高液面，作洗塔用；

（3）F-101 出口温度降到 280℃左右时，T-102 开始自上而下关侧线，停中段回流，各侧线及汽油停止外放；

（4）F-102、F103 出口温度降到 320℃左右时，T-104 开始自上而下关侧线，停中段回流，各侧线及汽油停止外放；

塔破真空分三个阶段进行：

第一阶段：正常值 -500mmHg

第二阶段：正常值 500～250mmHg

第一阶段：正常值 250～0mmHg

破真空时应关闭 L-10/3，4 顶部瓦斯放空阀。

（5）当过热蒸汽出口温度降至 300℃时，停止所有塔部吹气，进行放空。

三、装置打循环及炉子熄火

（1）T-102 关完侧线后，立即停原油泵，改为循环流程进行全装置循环；

循环流程为：

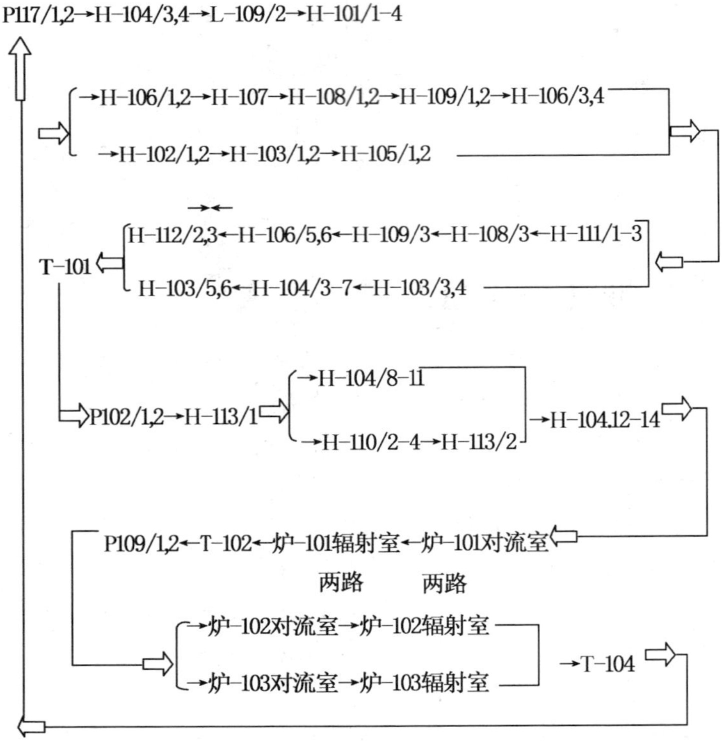

（2）T-104 关侧线后，将减压侧线油自分配台倒入减压塔打回流洗塔。减侧线油打完后将常压各侧线倒入减压塔顶回流洗塔，直到各侧线油打完为止。

注意：将侧线油倒入减一线打回流时应打开减一线流量计和外放调节阀的副线阀门。

（3）常压技工将汽油回流罐内汽油全部打入常压塔顶洗常压塔，塔顶温度过低时停空冷；

（4）炉子对称关火阻，继续降温，炉出口温度降至180℃时停止循环，炉子熄火，风机不停，待炉膛温度降至200℃时停风机，打开放爆门加速冷却，过热蒸汽停掉；

（5）炉子熄火后，将各塔底油全部打出装置。

第四节 紧急停车

紧急停工步骤：

（1）加热炉立即熄火；

（2）停止原油进料，关各馏出阀、注气阀，破真空，认真退油，关塔部吹气，过热蒸汽改为放空；

（3）将不合格油品改进污油罐；

（4）对局部着火部位应及时切断火源，加强灭火；

（5）尽量维持局部循环，尽量按正常的停工方法处理；

注意：减压破真空时，不能太快，要关闭瓦斯放空阀。

第五节 事故列表

一、原油中断

1. 事故原因

原油泵故障

2. 事故现象

塔液面下降，塔进料压力降低，塔顶温度升高。

3. 处理方法

（1）切换原油泵；

(2) 不行按停工处理。

二、供电中断

1. 事故原因

供电部门线路发生故障。

2. 事故现象

各泵运转停止。

3. 处理方法

(1) 来电后，相继启动顶回流泵、原油泵、初底泵、常底泵、中断回流泵及侧线泵；

(2) 各岗位按生产工艺指标调整操作至正常。

三、循环水中断

1. 事故原因

供水单位停电或水泵出故障不能正常供水。

2. 事故现象

(1) 油品出装置温度升高；

(2) 减顶真空度急剧下降。

3. 处理方法

(1) 停水时间短，降温降量，维持最低量生产或循环；

(2) 停水时间长，按紧急停工处理。

四、供汽中断

1. 事故原因

锅炉发生故障，或因停电不能正常供汽。

2. 事故现象

(1) 流量显示回零，各塔、罐操作不稳；

(2) 加热炉操作不稳；

(3) 减顶真空度下降。

3. 处理方法

如果只停汽而没有停电，则改为循环，如果既停汽又停电，按紧急停工处理。

五、净化风中断

1. 事故原因

空气压缩机发生故障。

2. 事故现象

仪表指示回零。

3. 处理方法

(1) 短时间停风，将控制阀改副线，用手工调节各路流量、温度、压力等；

(2) 长时间停风，按降温降量循环处理。

六、加热炉着火

1. 事故原因

炉管局部过热结焦严重，结焦处被烧穿。

2. 事故现象

炉出口温度急剧升高，冒大量黑烟。

3. 处理方法

熄灭全部火嘴并向炉膛内吹入灭火蒸汽。

七、常压塔底泵停

1. 事故原因

泵出故障，被烧或供电中断。

2. 事故现象

(1) 泵出口压力下降，常压塔液面上升；

(2) 加热炉熄火，炉出口温度下降。

3. 处理方法

切换备用泵。

八、阀卡(常顶回流阀)10%

1. 事故原因

阀使用时间太长。

2. 事故现象

塔顶温度上升，压力上升。

3. 处理方法

开旁通阀。

九、换热器 H-109/4 故障(100 万吨)

1. 事故原因

换热器 H-109/4 层堵。

2. 事故现象

炉进料温度下降，进料流量下降。

3. 处理方法

开大换热器副线，控制炉出口温度。

十、闪蒸塔底泵抽空

1. 事故原因

泵本身故障。

2. 事故现象

泵出口压力下降，塔底液面迅速上升，炉膛温度迅速上升。

3. 处理方法

切换备用泵，注意控制炉膛温度。

十一、减压炉熄火

1. 事故原因

燃料中断。

2. 事故现象

炉膛温度下降，炉出口温度下降，火灭。

3. 处理方法

（1）减压部分按停工处理；

（2）常渣出装置。

十二、抽-1 故障

1. 事故原因

真空泵本身故障。

2. 事故现象

减压塔压力上升。

3. 处理方法

加大抽-2 蒸汽量。

十三、低压闪电

1. 事故原因

供电不稳。

2. 事故现象

全部或部分低压电机停转，操作混乱。

3. 处理方法

（1）如时间短，切换备用泵。切换顺序：顶回流，中段回流，处理量调节；

（2）及时联系电修部门送电，按工艺指标调整操作。

十四、高压闪电

1. 事故原因

供电不稳。

2. 事故现象

全部或部分高压电机停转，初馏塔和常压塔进料中断，液面下降。

3. 处理方法

（1）如时间短，切换备用泵。

（2）及时联系电修部门送电，按工艺指标调整操作。

十五、原油含水

1. 事故原因

原油供应紧张。

2. 事故现象

原油泵可能抽空，初馏塔液面下降，压力上升。

3. 处理方法

加强电脱盐罐操作，加强切水。

第六节　下位机画面设计

一、DCS用户画面设计

（1）DCS画面的颜色、显示及操作方法均与真实DCS系统保持一致；

（2）一般调节阀的流通能力按正常开度为50%设计。

二、现场操作画面设计

1. 现场操作画面设计说明

（1）现场操作画面是在DCS画面的基础上改进而完成的，大多数现场操作画面都有与之对应的DCS流程图画面；

（2）现场画面均以C字母作为结束符；

（3）现场画面上光标变为手形处为可操作点；

（4）现场画面上的模拟量(如手操阀)、开关量(如开关阀和泵)的操作方法与DCS画面上的操作方法相同；

（5）一般现场画面上红色的阀门、泵及工艺管线表示这些设备处于“关闭”状态，绿色表示设备处于“开启”状态；

（6）单工段运行时，对换热器另一侧物流的控制通过在现场画面上操作该换热器来实现；全流程运行时，换热器另一侧的物流由在其他工段进行的操作来控制。冷却水及蒸汽量的控制在各种情况下均在现场画面上完成。

2. 现场画面列表：

现场画面列表见表 4-5。

表 4-5　现场画面列表

画面名称	说　明	画面名称	说　明
DTYXC	电脱盐现场图(图 4-4)	JY	减压塔现场图(图 4-10)
CY	常压塔现场图(图 4-6)	JL	减炉现场流程图(图 4-12)
CL	常炉现场流程图(图 4-8)	GG	公共现场工艺流程图(图 4-13)

思考题

1. 原油带水的原因有哪些？操作中有哪些现象？
2. 为什么要进行脱盐脱水？
3. 电-化学脱盐的基本原理是什么？
4. 电脱盐罐的温度、压力各是多少？
5. 电脱盐质量指标是什么？
6. 电脱盐电极棒击穿的原因？
7. 原油处理量波动对电脱盐有何影响？
8. 影响电脱盐脱盐效率的主要因素有哪些？
9. 开工五大步骤是什么？
10. 装置正常停工分几大步骤？
11. 减压各侧线出装置油品温度为什么要求不大于 80℃？
12. 为什么要采用初馏塔(预汽化塔)？
13. 常压蒸馏岗位的任务是什么？

14. 馏分头轻(初馏点低)说明了什么问题？如何处理？
15. 常一馏出物闪点不合格的解决方法？
16. 对常压操作的要求是什么？
17. 简述初馏塔操作条件的控制？
18. 提、降量的操作方法？
19. 减压系统的生产任务是什么？
20. 减压塔的作用是什么？
21. 影响减压真空度的主要因素有哪些？
22. 简述真空度变化的调节方法？
23. 减压塔为什么高出渣油泵 10 米？
24. 为什么减压塔的塔盘数比常压塔少？
25. 增产柴油的措施是哪些？
26. 开工时为什么要向炉膛内吹汽？
27. 投用换热器的顺序及停用顺序是什么？
28. 出装置渣油线处理方法有哪几种？
29. 电脱盐切水带油的原因有哪些？
30. 常减压装置工艺防腐的主要手段是什么？
31. 精馏塔顶回流的作用是什么？
32. 为什么要采用减压蒸馏？
33. 减压塔底为什么要缩径？
34. 炉膛为什么要保持一定的负压？其负压一般控制在什么范围？
35. 常压塔取热分配的原则是什么？
36. 过剩空气系数过大对加热炉的影响有哪些？
37. 水蒸气汽提的作用是什么？
38. 精馏塔为什么要设置中段回流？

第五章 乙烯裂解单元

第一节 工艺流程简介

一、装置的生产过程

乙烯车间裂解单元是乙烯装置的主要组成部分之一。裂解是指烃类在高温下，发生碳链断裂或脱氢反应，生成烯烃和其他产物的过程。

裂解炉进料预热系统利用急冷水热源，将石脑油预热到60℃，送入裂解炉裂解。

裂解炉系统利用高温、短停留时间、低烃分压的操作条件，裂解石脑油等原料，生产富含乙烯、丙烯和丁二烯的裂解气，送至急冷系统冷却。

急冷系统接收裂解炉来的裂解气，经过油冷和水冷两步工序，经过冷却和洗涤后的裂解气去压缩工段。

裂解炉废热锅炉系统回收裂解气的热量，产生超高压蒸汽作为裂解气压缩机等机泵的动力。

燃料油汽提塔利用中压蒸汽直接汽提，降低急冷油粘度。

稀释蒸汽发生系统接收工艺水，发生稀释蒸汽送往裂解炉管，作为裂解炉进料的稀释蒸汽，降低原料裂解中烃分压。

来自罐区、分离工段的燃料气，送入裂解炉，作为裂解炉的燃料气，为裂解炉高温裂解提供热量。

二、装置流程说明

来自罐区的石脑油原料在送到裂解炉之前由急冷水预热至60℃。被裂解炉烟道气进一步预热后，液体进料在180℃条件下进入炉子裂解。在注入稀释蒸汽之前，将上述烃进料按一定的流量送到各个炉管。烃类/蒸汽混合物返回对流段，在进入裂解炉辐射管之前预热至横跨温度，在裂解炉辐射管中原料被裂解。辐射管出口与 TLE 相连，TLE 利用裂解炉流出物的热量生产超高压蒸汽。

TLE 通过同每一台裂解炉的汽包相连的热虹吸系统，在12.4MPa 的压力条件下生产 SS 蒸汽。锅炉给水(BFW)由烟道气预热后进入锅炉蒸汽汽包。蒸汽包排出的饱和蒸汽在裂解炉对流段中由烟道气过热至400℃。通过在过热蒸汽中注入锅炉给水来控制过热器的出口温度。温度调节以后的蒸汽返回对流段并最终过热至所需的温度(520℃)。

来自裂解炉 TLE 的流出物由装在 TLE 出口处的急冷器用急冷油进行急冷，混合以后送至油冷塔。

在油冷塔，裂解气进一步被冷却，裂解燃料油(PFO)和裂解柴油(PGO)从油冷塔中抽出，汽油和较轻的组分作为塔顶气体。裂解气体中的热量的去除与回收是通过将急冷油从塔底循环至稀释蒸汽发生器和稀释蒸汽罐进料预热器进行的。低压蒸汽也在急冷油回路中产生。水冷塔中冷凝的汽油作为油冷塔的回流液。

裂解燃料油被泵送到裂解燃料油汽提塔(T102)。裂解柴油(来自油冷塔的侧线抽出物)被送至裂解燃料油汽提塔的下部汽提段，以控制闪点。用汽提蒸汽将裂解燃料油汽提，提高急冷油中馏程在260~340℃馏分的浓度，有助于降低急冷油粘度。塔底的燃料油通过燃料油泵送入燃料油罐。

油冷塔顶的裂解气，通过和水冷塔中的循环急冷水直接接触进行冷却和部分冷凝，温度冷却至28℃，水冷塔的塔顶裂解气被送到下一工段。

来自水冷塔的急冷水给乙烯装置工艺系统提供低等级热量，即提供给装置中一些用户热量。换热后的急冷水由循环水和过冷水进一步冷却，作为水冷塔的回流，冷却裂解气。

在水冷塔冷凝的汽油，与循环急冷水和塔底冷凝的稀释蒸汽分离，冷凝后的汽油部分作为回流进入油冷塔。部分送往其他工段。

在水冷塔冷凝的稀释蒸汽(工艺水)进入工艺水汽提塔，在工艺水汽提塔，利用低压蒸汽汽提，将酸性气体和易挥发烃类汽提后返回水冷塔。安装有顶部物流/进料换热器以预热去工艺水汽提塔的进料。

汽提后的工艺水在进入稀释蒸汽发生器前用急冷油预热。然后被中压蒸汽和稀释蒸汽发生器中的急冷油汽化。产生的蒸汽被中压蒸汽过热，然后用作裂解炉中的稀释蒸汽。

来自罐区、分离工段的燃料气，送入裂解炉，作为裂解炉的燃料气。

第二节　设备及工艺控制点

一、设备名称

装置设备名称见表 5-1。

表 5-1　装置设备名称

序　　号	位　　号	名　　称
1	D101	蒸汽汽包(图 5-1)
2	D102	稀释蒸汽发生器
3	E101	TLE 换热器
4	E102	TLE 换热器
5	E103	原料油进料预热器
6	E104	稀释蒸汽发生器底再沸器
7	E105	稀释蒸汽发生器进料预热器
8	E106	低压蒸汽发生器
9	E107	裂解燃料油冷却器
10	E108	急冷水冷却器
11	E109	急冷水调温冷却器

续表

序　号	位　号	名　称
12	E110	工艺水汽提塔进料预热器
13	E111	工艺水汽提塔再沸器
14	E112	稀释蒸汽过热器
15	E113	中压/稀释蒸汽换热器
16	E114	排污冷却器
17	E120	急冷水循环换热器群
18	F101	裂解炉(图 5-2)
19	L101	油急冷器
20	L102	油急冷器
21	ME101	蒸汽减温器
22	ME102	蒸汽减温器
23	P101	急冷油泵
24	P102	裂解燃料油泵
25	P103	急冷水循环泵
26	P104	油冷塔回流泵
27	P105	工艺水汽提塔进料泵
28	P106	稀释蒸汽发生器进料泵
29	S101	急冷油过滤器
30	T101	油冷塔(图 5-3)
31	T102	裂解燃料油汽提塔(图 5-4)
32	T103	水冷塔(图 5-5)
33	T104	工艺水汽提塔(图 5-6)
34	Y101	裂解炉引风机

二、仪表控制点

仪表控制点见表 5-2。

表 5-2　仪表控制点

点　名	单　位	正常值	描　述
AI1101	%	4	F101 烟气氧含量
FIC1101	t/h	9.0	原料油一路进料
FIC1102	t/h	9.0	原料油二路进料
FIC1103	t/h	9.0	原料油三路进料

续表

点　名	单　位	正常值	描　　述
FIC1104	t/h	9.0	原料油四路进料
FIC1105	t/h	4.5	稀释蒸汽一路进料
FIC1106	t/h	4.5	稀释蒸汽二路进料
FIC1107	t/h	4.5	稀释蒸汽三路进料
FIC1108	t/h	4.5	稀释蒸汽四路进料
FF1109	%		原料/DS 的比值
FIC1110	t/h	36.0	原料油进料总量
FI1111	t/h	20.0	锅炉给水流量
FI1112	t/h	28.0	过热蒸汽流量
FI1201	t/h	925.7	裂解气进油冷塔
FIC1202	t/h	3.28	QO 去裂解燃料油汽提塔
FCI1203	t/h	147	QO 循环流量
FIC1204	t/h	0.0	P101 出口返回量
FI1205	t/h	34.0	汽油自 P104 进 T101
FI1207	t/h	5.4	汽油出 T101
FI1209	t/h	125	气体出 T101
FIC1301	t/h	5.4	汽油进 T102
FIC1302	t/h	4.5	MS 进 T102
FI1303	t/h	6.7	T102 气体出料
FI1304	t/h	3.48	T102 底部出料
FIC1401	t/h	1400.0	急冷水返回流量
FIC1402	t/h	350.0	急冷水返回流量
FI1404	t/h	56.2	T103 顶部出料
FI1405	t/h	37.4	汽油出 T103
FIC1501	kg/h	500	LS 进 T104
FIC1502	t/h	100	LS 进 E111
FI1503	t/h	95	P105 出口
FI1504	t/h	3.6	T104 顶部出料
FI1505	t/h	18	D102 顶部排污
FIC1506	t/h	73.9	D102 底部出料
FI1507	t/h	50	MS 进 E112
LIC1101	%	60	蒸汽汽包液位
LIC1201	%	60	T101 液位
LIC1202	%	60	E106 液位
LIC1203	%	50	T101 侧采段液位

续表

点　名	单　位	正常值	描　　述
LIC1301	%	50	T102 液位
LIC1401	%	70	T103 油相液位
LI1402	%	60	T103 界位
LIC1501	%	60	T104 液位
LIC1502	%	60	D102 液位
PIC1101	Pa	-30	F101 炉膛负压
PI1103	MPa(g)	12.4	D101 压力
PIC1104	kPa(g)	85	F101 侧壁燃料气压力
PIC1105	kPa(g)	166	F101 底部燃料气压力
PI1201	kPa(g)	37	T101 压力
PI1202	kPa(g)	350	E106 压力
PI1301	kPa(g)	44	T102 压力
PIC1401	kPa(g)	20	T103 压力
PIC1402	kPa(g)	20	T103 压力
PDC1402	MPa(g)	0.7	水冷塔急冷水压差控制
PIC1501	MPa(g)	0.66	D102 压力
PI1502	kPa(g)	100	T104 压力
TIC1101	℃	180	原料油经烟道气预热后温度
TIC1102	℃	213	L101 出口温度
TIC1103	℃	213	L102 出口温度
TIC1104	℃	932	F101 裂解气出口温度
TIC1105	℃	400	ME101 出口温度
TIC1106	℃	520	ME102 出口温度
TI1107	℃	60	原料预热后温度
TI1108	℃	660	对流室进辐射室一路温度
TI1109	℃	660	对流室进辐射室二路温度
TI1110	℃	660	对流室进辐射室三路温度
TI1111	℃	660	对流室进辐射室四路温度
TI1112	℃	832	裂解炉出口一路温度
TI1113	℃	832	裂解炉出口二路温度
TI1114	℃	832	裂解炉出口三路温度
TI1115	℃	832	裂解炉出口四路温度
TI1116	℃	450	E101 出口温度
TI1117	℃	450	E102 出口温度
TI1118	℃	320	蒸汽汽包温度

续表

点　名	单　位	正常值	描　　述
TI1119	℃	200	稀释蒸汽入口温度
TI1120	℃	1160	F101 炉膛温度
TI1121	℃	130	烟气出口温度
TI1201	℃	198	T101 塔底温度
TIC1202	℃	104	T101 塔顶温度
TI1203	℃	130	T101 上部温度
TI1204	℃	155	T101 下部温度
TI1205	℃	213	裂解气进 T101 温度
TI1206	℃	155	E106 热物流出口温度
TI1207	℃	158	E105 热物流出口温度
TI1208	℃	175	E104 热物流出口温度
TIC1301	℃	80	E107 热物流出口温度控制
TI1302	℃	190	T102 顶部温度
TI1303	℃	181	T102 底部温度
TI1304	℃	80	E107 热物流出口温度
TIC1401	℃	85	水冷塔塔底温度控制
TIC1402	℃	58	循环水回流温度控制
TI1403	℃	28	T103 塔顶温度
TI1404	℃	85	T103 底部温度
TI1405	℃	25	E109 管程出口温度
TIC1501	℃	118	T104 顶部温度控制
TI1502	℃	112	T104 进料温度
TI1503	℃	122	T104 底部温度
TI1504	℃	123	T104 再沸器出口温度
TI1505	℃	115	E110 去 T103 管线温度
TI1506	℃	160	D102 进料温度
TI1507	℃	169	D102 底部温度
TI1508	℃	169	D102 顶部温度
TI1509	℃	171	E104 冷物流出口温度
TI1510	℃	170	E113 冷物流出口温度
TI1511	℃	220	E112 热物流出口温度
TI1512	℃	43	E114 热物流出口温度
TI1513	℃	200	E112 出口 DS 温度

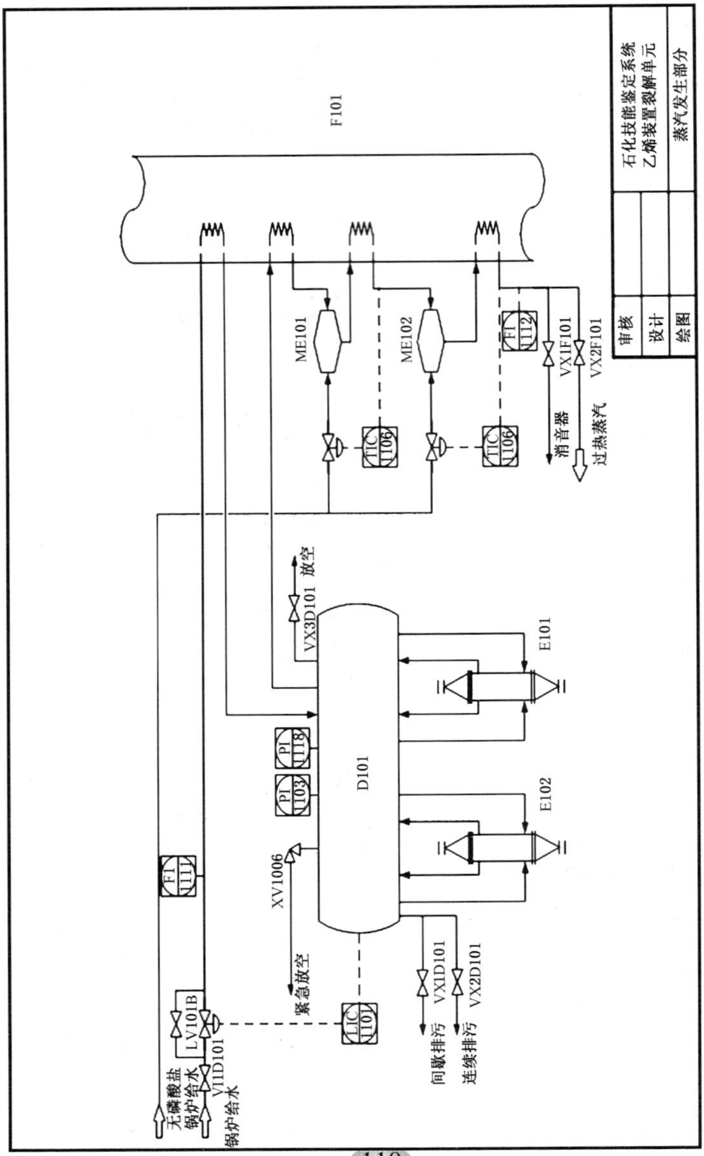
F101
ME101
ME102
TIC 1106
TIC 1106
FI 1112
VX1F101
VX2F101
消音器
过热蒸汽
放空
VX3D101
E101
E102
D101
PI 1118
PI 1103
XV1006
紧急放空
FI 1111
LV101B
LIC 1101
VX1D101
VX2D101
间歇排污
连续排污
无磷酸盐
锅炉给水
VI1D101
锅炉给水
石化技能鉴定系统
乙烯装置裂解单元
蒸汽发生部分
审核
设计
绘图

图 5-1 蒸汽发生部分

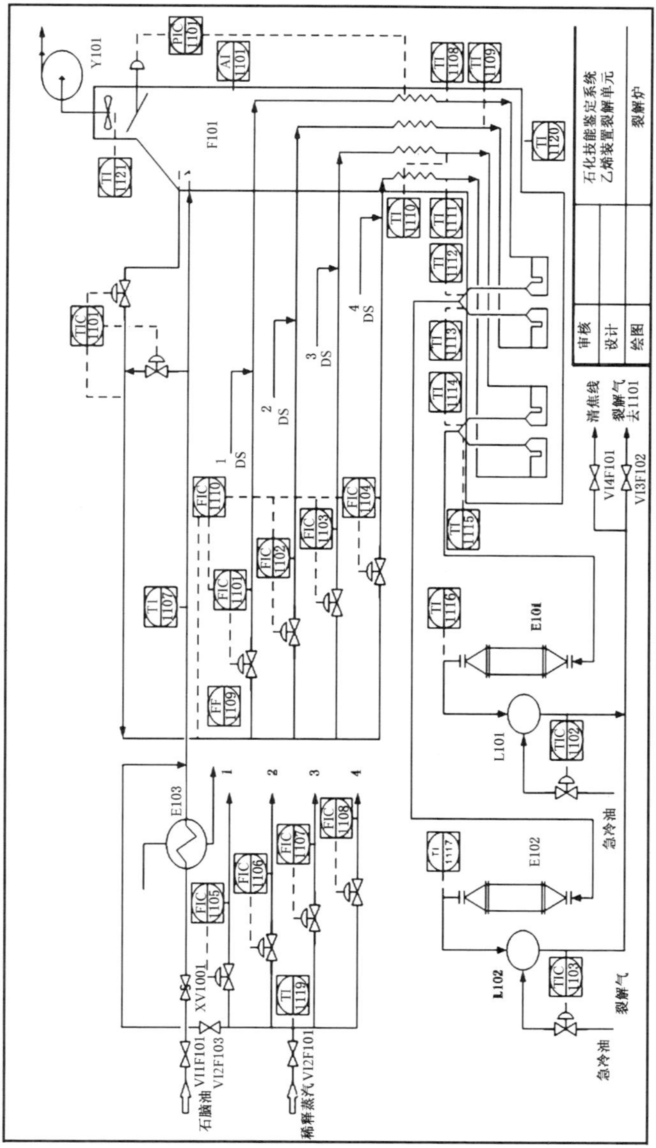
石化技能鉴定系统
乙烯装置裂解单元
裂解炉
审核
设计
绘图
Y101
F101
E101
E102
E103
L101
L102
PIC 1101
AI 1101
TI 1108
TI 1109
TI 1120
TI 1121
TIC 1101
TI 1110
TI 1111
TI 1112
TI 1113
TI 1114
TI 1115
TI 1116
TI 1117
TI 1107
TI 1119
FIC 1110
FIC 1101
FIC 1102
FIC 1103
FIC 1104
FIC 1105
FIC 1106
FIC 1107
FIC 1108
FF 1109
TIC 1102
TIC 1103
1 DS
2 DS
3 DS
4 DS
1
2
3
4
石脑油
稀释蒸汽
VI1F101
VI2F103
VI2F101
XV1001
清焦线
裂解气去1101
VI4F101
VI3F102
急冷油
急冷油
裂解气

图 5-2 裂解炉部分

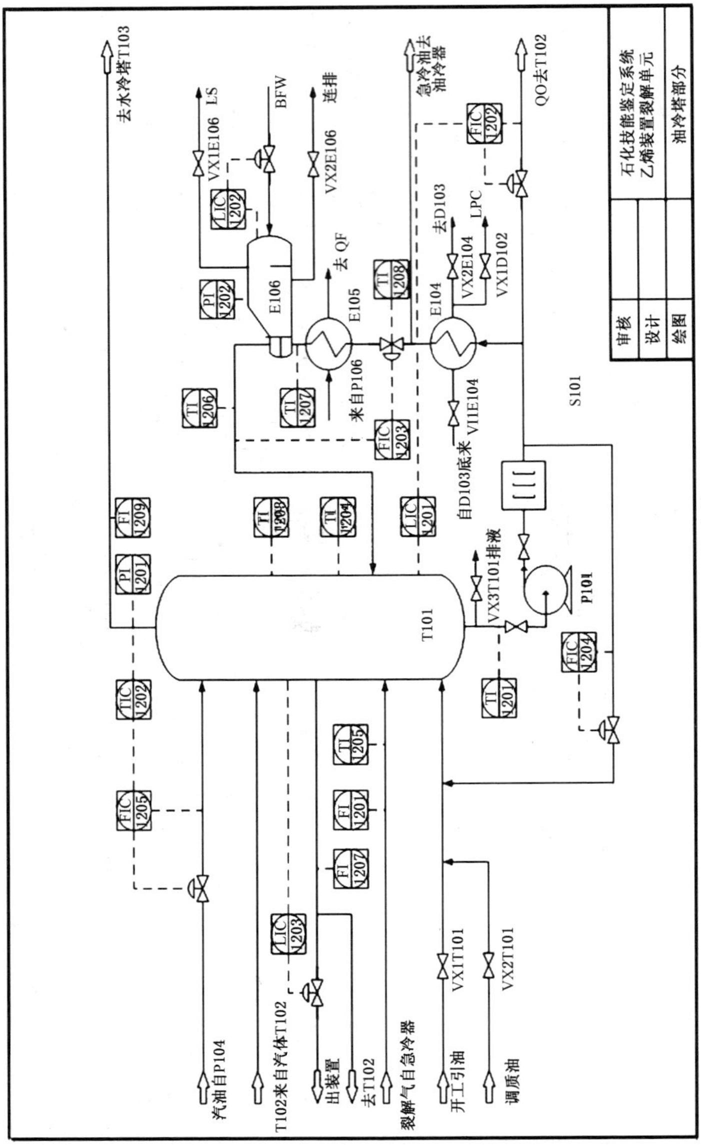
去水冷塔T103
VX1E106
LS
BFW
连排
VX2E106
LIC 1202
PI 1202
E106
去 QF
E105
来自P106
TI 1207
TI 1206
FIC 1203
TI 1208
急冷油去油冷器
FIC 1202
QO去T102
去D103
LPC
VX2E104
VX1D102
E104
VI1E104
自D103底来
S101
TI 1204
LIC 1201
FI 1209
PI 1201
T101
VX3T101排液
P101
FIC 1204
TI 1201
TIC 1202
FIC 1205
TI 1205
FI 1201
FI 1207
LIC 1203
VX1T101
VX2T101
汽油自P104
T102来自汽体T102
出装置
去T102
裂解气自急冷器
开工引油
调质油
石化技能鉴定系统
乙烯装置裂解单元
油冷塔部分
审核
设计
绘图

图 5-3　油冷塔

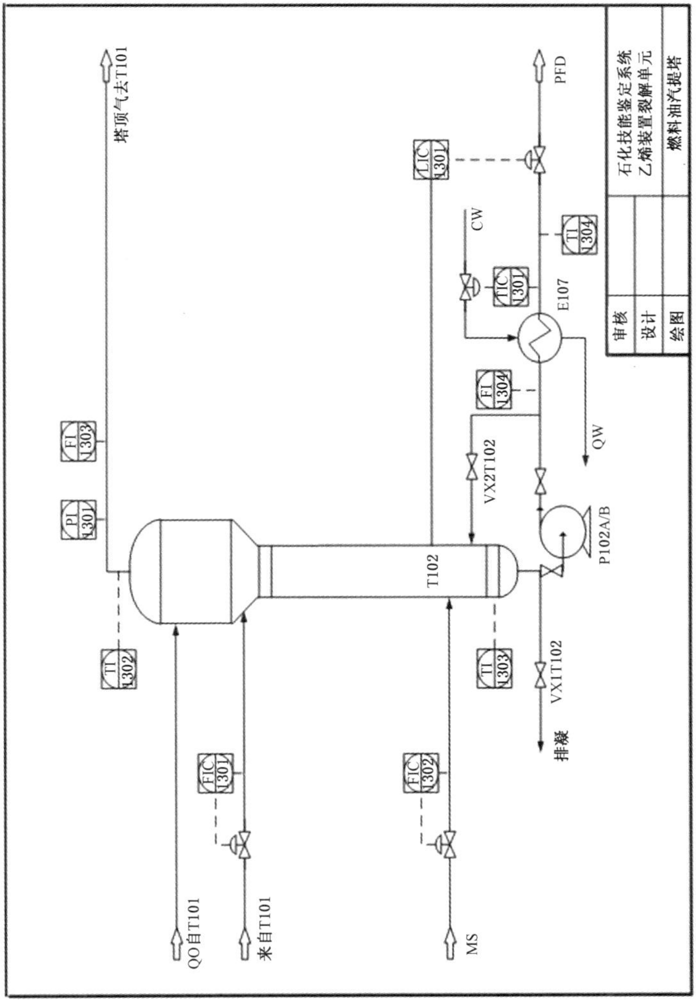
塔顶气去T101
PI
1301
FI
1303
TI
1302
FIC
1301
QO自T101
来自T101
FIC
1302
MS
T102
TI
1303
VX1T102
排凝
P102A/B
VX2T102
FI
1304
QW
E107
TIC
1301
CW
TI
1304
LIC
1301
PFD
审核
设计
绘图
石化技能鉴定系统
乙烯装置裂解单元
燃料油汽提塔

图 5-4 燃料油汽提塔

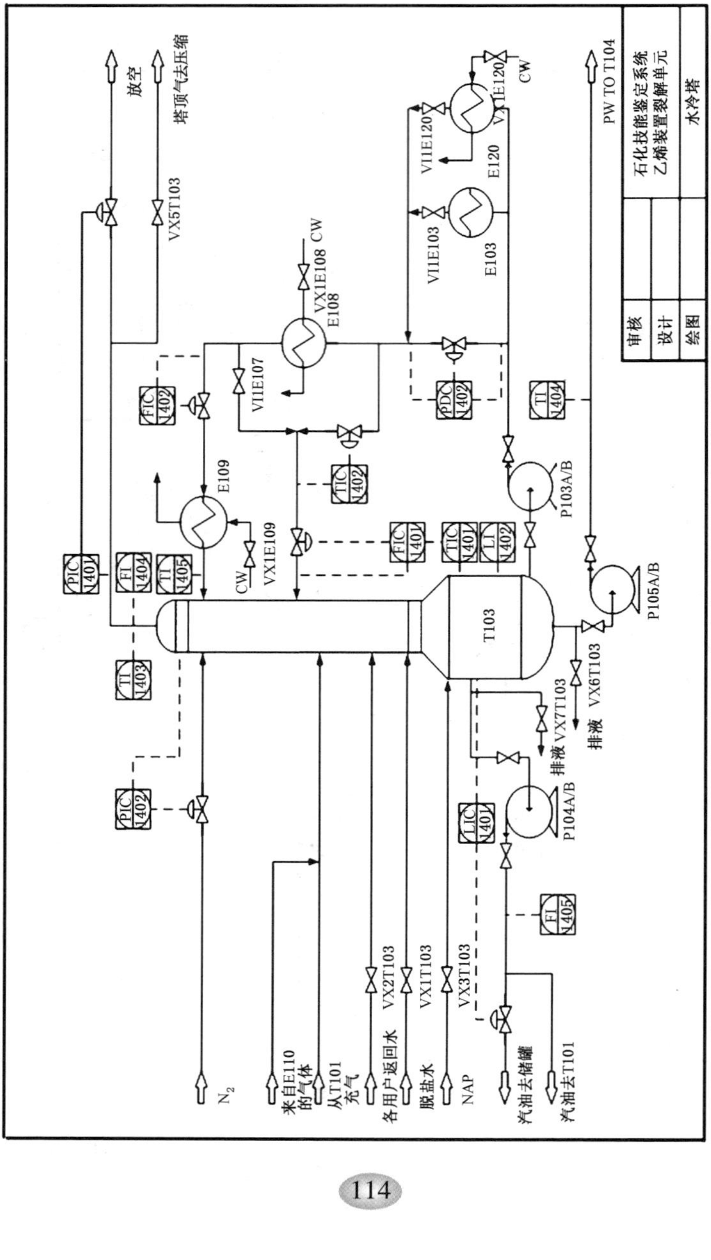
放空
塔顶气去压缩
VX5T103
PIC 1401
FI 1404
TI 1405
TI 1403
PIC 1402
N2
来自E110的气体
从T101充气
各用户返回水
脱盐水
NAP
VX2T103
VX1T103
VX3T103
汽油去储罐
汽油去T101
FI 1405
LIC 1401
P104A/B
排液
VX7T103
排液
VX6T103
T103
P105A/B
PW TO T104
E109
CW
VX1E109
FIC 1402
VI1E107
E108
VX1E108
CW
TIC 1402
FIC 1401
TIC 1401
LI 1402
PDC 1402
TI 1404
P103A/B
VI1E103
E103
VI1E120
E120
VX1E120
CW
石化技能鉴定系统
乙烯装置裂解单元
水冷塔
审核
设计
绘图

图 5-5 水冷塔

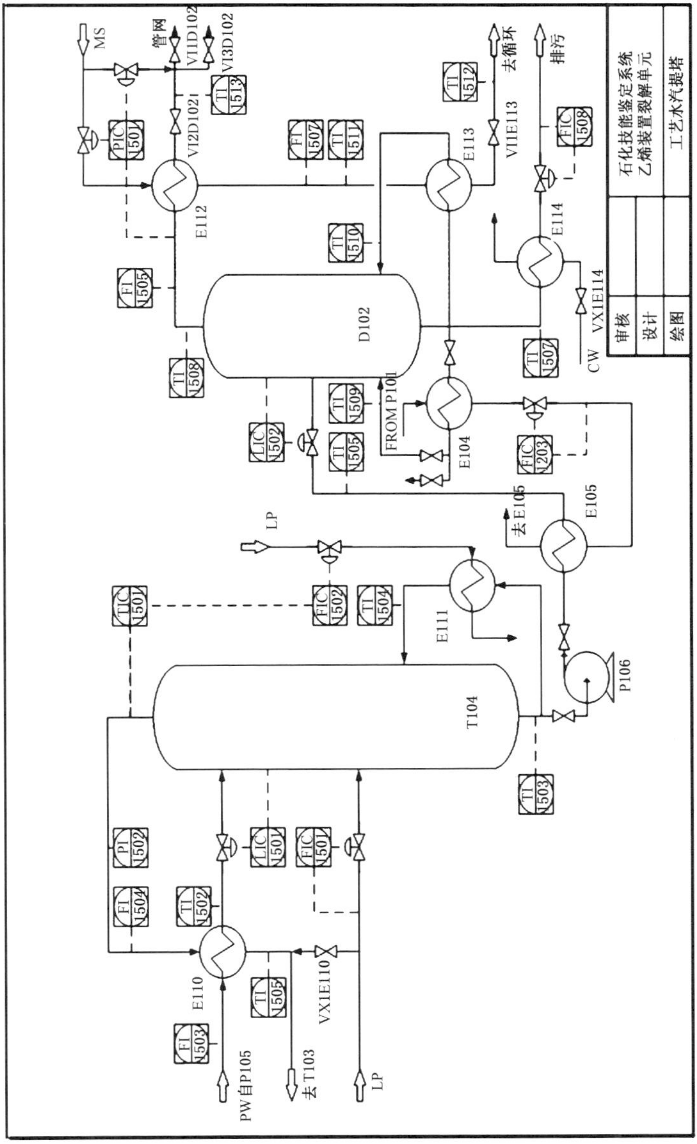
MS
管网
VI1D102
VI3D102
VI2D1021
PIC 1501
TI 1513
FI 1507
TI 1511
E112
E113
VI1E113
去循环
TI 1512
排污
FIC 1508
E114
VX1E114
CW
TI 1507
TI 1510
FI 1505
TI 1508
D102
FROM P101
TI 1509
TI 1505
LIC 1502
E104
FIC 1203
E105
去E105
LP
FIC 1502
TI 1504
TIC 1501
E111
T104
P106
TI 1503
PI 1502
FI 1504
TI 1502
LIC 1501
FIC 1501
E110
TI 1505
VX1E110
FI 1503
PW自P105
去T103
LP
审核
设计
绘图
石化技能鉴定系统
乙烯装置裂解单元
工艺水汽提塔

图 5-6　工艺水汽提塔

第三节 操作控制

一、操作参数

操作参数见表 5-3~表 5-5。

表 5-3 裂解炉 F101

名　　称	温度/℃	压力(表)/Pa	流量/(t/h)
石脑油进料	60		36
横跨段	1160		
横跨段炉管	660		
炉膛负压		-30	
裂解炉出口	832		
裂解炉烟气	130		
TLE 出口温度	450		
急冷器出口温度	213		
底部燃料气			0.9~1.0
侧壁燃料气			2.8~3.2

表 5-4 蒸汽系统 D101

名　　称	温度/℃	压力（表）/MPa	流量/(t/h)
锅炉给水	147	14.0	20.0
D101	320	12.4	
一段过热	400	12.4	5.0
二段过热	520	12.4	3.0

表 5-5 急冷系统

名　　称	温度/℃	压力(表)/kPa	流量/(t/h)
T101	底部：198 顶部：104	37	
T102		50	
T103	底部：85 顶部：28	44	

续表

名　　称	温度/℃	压力(表)/kPa	流量/(t/h)
T104	底部：122 顶部：118	100	
D102	169	660	

二、联锁逻辑图

联锁系统的起因及结果见表 5-6。

表 5-6　联锁系统的起因及结果

序号	联 锁 号	联 锁 原 因	设定值	旁路	动 作 结 果
1	PB1101	裂解炉停车		无	详见联锁逻辑图
2	LSLL1102	蒸汽发生器液位	10. 0%	有	详见联锁逻辑图
3	FSLL1103	锅炉给水流量	0. 5t/h	有	详见联锁逻辑图
4	PB1104	引风机跳闸		有	详见联锁逻辑图
5	TSHH1105	蒸汽温度过热	600℃	有	详见联锁逻辑图
6	TSHH1106A、B	急冷气体温度	500℃	无	详见联锁逻辑图
7	PSLL1107	石脑油进料压力低	10kPa(g)	有	详见联锁逻辑图
8	PSLL1108	底部燃料气压力低	8kPa(g)	有	详见联锁逻辑图
9	PSLL1109	侧壁燃料气压力低	8kPa(g)	有	详见联锁逻辑图
10	PSLL1111	底部点火气压力低	8kPa(g)	有	详见联锁逻辑图

联锁逻辑图见图 5-7。

三、复杂控制说明

1. 比例控制

本装置进料流量 FIC1101～FIC1104 和 DS 流量 FIC1101～FIC1104 采用比例控制，FIC1101～FIC1104 采用自动控制，FIC1101～FIC1104 参照 FC9101 进行一定比值 FF1109 调节。

2. 分程控制

本装置的 D102 采用分程控制手段来控制其压力。当调节器控制在 50% 开度时，A 阀全开，B 阀全关；当调节器控制在 100%开度时，A、B 阀都是全开。

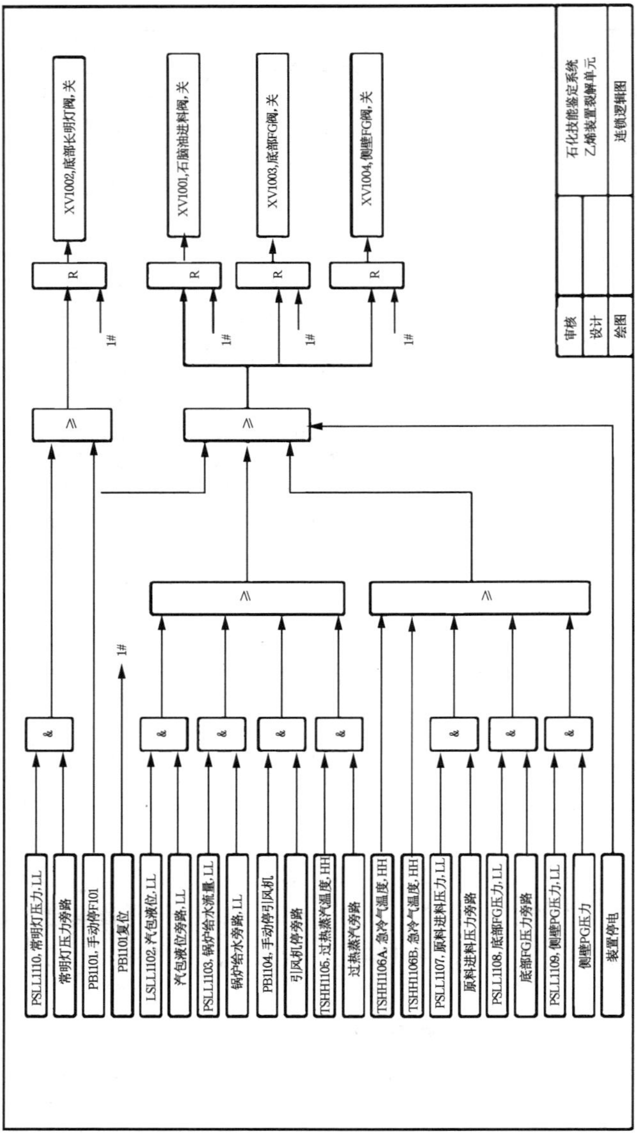

图 5-7 裂解工段联锁逻辑图

3. 串级控制

（1）FIC1110 和 FIC1101～FIC1104。

出 D102 原料油总流量与裂解炉单个炉管的进料量串级控制，保持 F101 进料总量。

（2）TIC1104 和 PIC1104。

利用侧壁燃料气压力来控制 F101 裂解气出口温度。

（3）LIC1201 和 FIC1202。

调节 T101 底部出料量来维持液位的稳定。

（4）TIC1401 和 FIC1401。

通过对回流量的调节来控制 T103 塔底的温度。

（5）TIC1202 和 FIC1205。

通过对回流量的调节来控制 T101 塔顶温度。

（6）TIC1501 和 FIC1502。

通过对回流量的调节来控制 T104 塔顶温度。

四、重点设备的操作

裂解炉的点火操作：

裂解炉的点火总体顺序是先点燃长明线烧嘴，再点燃底部烧嘴，最后点燃侧壁烧嘴。

为了保证四路裂解炉管的出口温度尽量接近，裂解炉的点火操作要求对称进行，具体操作按所附点火顺序图进行。

第四节　正 常 开 车

一、裂解单元的开车

（一）开车前的准备工作

1. 向汽包内注水

（1）打开汽包通往大气的排放阀 VX3D101。

（2）打开锅炉给水根部阀 VI1D101，慢开 LIC1101 的旁路阀 LV1101B 向汽包注 BFW。

（3）汽包液位达到 40%时，打开汽包间歇排污阀 VX1D101。

（4）将汽包液位控制在 60%。

2. 将稀释蒸汽 DS 引至炉前

打开 DS 总阀 VI2F101 将 DS 引至炉前，打开导淋阀 VI3E103，排出管内凝水后(10s 后)，关闭导淋阀。

3. 燃料系统

（1）建立炉膛负压。

（2）打开底部烧嘴风门 VX3F101；

打开左侧壁烧嘴风门 VX4F101；

打开右侧壁烧嘴风门 VX5F101。

（3）启动引风机 Y101。

（4）用 PIC1101 将炉膛压力调节到-30Pa。

（5）打开侧壁燃料气总管手阀 VI5F101 和电磁阀 XV1004，打开底部燃料气总管手阀 VI6F101 和电磁阀 XV1003。

（二）裂解炉的点火、升温

1. 点火前的准备

（1）确认汽包液位控制在 60%。

（2）打开去清焦线阀 VI4F101，打通 DS 流程。

2. 点火升温

（1）打开点火燃料气的阀门 VI7F101 和 XV1002，将燃料气引至点火烧嘴(长明灯)。

（2）点燃底部长明灯点火烧嘴(用鼠标左键单击火嘴分布图中间长明灯火嘴)。

（3）将底部燃料气引至火嘴前，稍开 PIC1105，压力控制在 50kPa 以下。

（4）点燃底部火嘴。按照升温速度曲线来增加点火数目(详见火嘴分布图 5-8、图 5-9)。

（5）当 COT 达到 200℃时，通过 FIC1105 ~ FIC1108 向炉管内通入 DS 蒸汽，控制四路炉管 DS 流量均匀防止偏流对炉管造成损坏。

（6）将侧壁燃料气引至火嘴前，稍开 PIC1104，压力控制在 30kPa 以下。

（7）根据炉膛温度点燃侧壁火嘴（详见火嘴分布图 5-8、图 5-9）。

（8）当汽包压力超过 0.15MPa 关闭汽包放空阀，并控制压力上升。

（9）当 COT 达到 200℃时，稍开消音器阀 VX1F101，使汽包产生的蒸汽由消音器放空。

（10）整个过程中，注意控制汽包液位 LIC1101、炉膛负压 PIC1101 和烟气氧含量。

（11）继续增加点燃的火嘴按照升温速度曲线升温（详见升温曲线图 5-10）。

（12）根据 COT 的变化增加 DS 量。

① COT：200 ~ 550℃，正常 DS 流量的 100%

② COT：550 ~ 760℃，正常 DS 流量的 120%

③ COT：760 ~ 投油温度，正常 DS 流量的 100%

（13）当 SS 过热温度 TIC1106 达到 450℃时，应通过控制阀注入少量无磷水，将蒸汽温度控制在 520℃左右。当 SS 过热温度 TIC1105 达到 400℃，应通过控制阀注入少量无磷水，将蒸汽温度控制在 400℃左右。

（14）当烟气温度超过 220℃，打开 DS 原料跨线阀门。打开 FIC1101 ~ FIC1104 阀门，引适量的 DS 进入石脑油进料管线，防止炉管损坏。

（三）过热蒸汽备用状态

（1）将 COT 维持在 760℃，DS 通入量为正常量的 120%。

（2）当 COT 大于 760℃时，手动逐渐关闭消音器放空阀

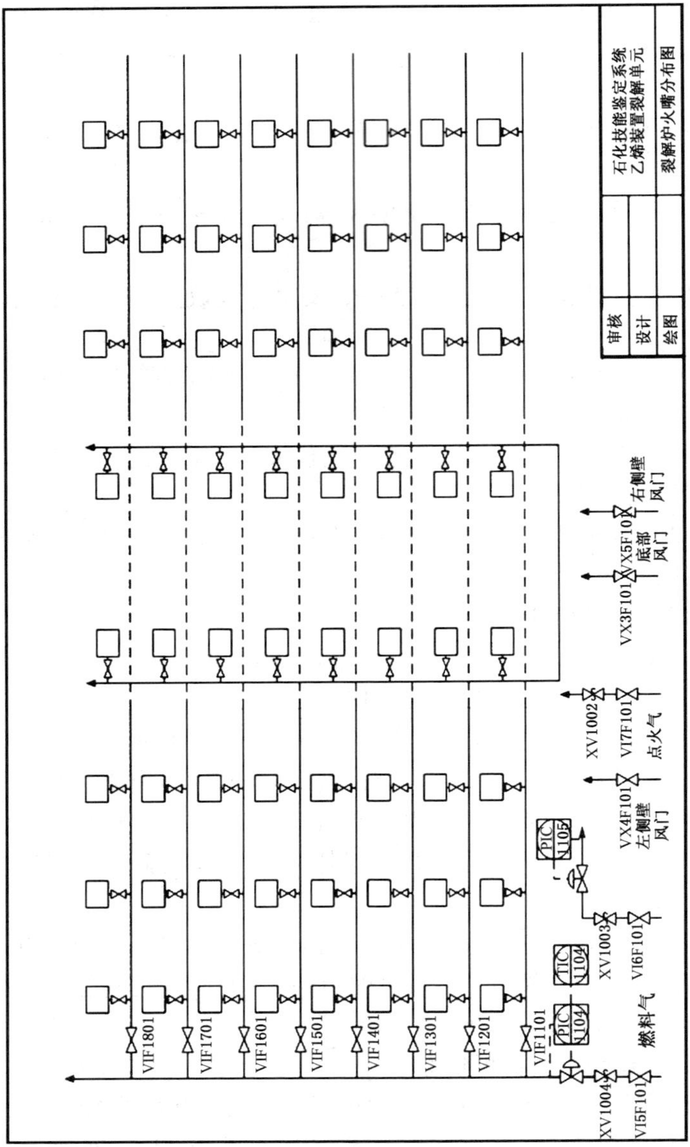

图 5-8 裂解炉火嘴分布图

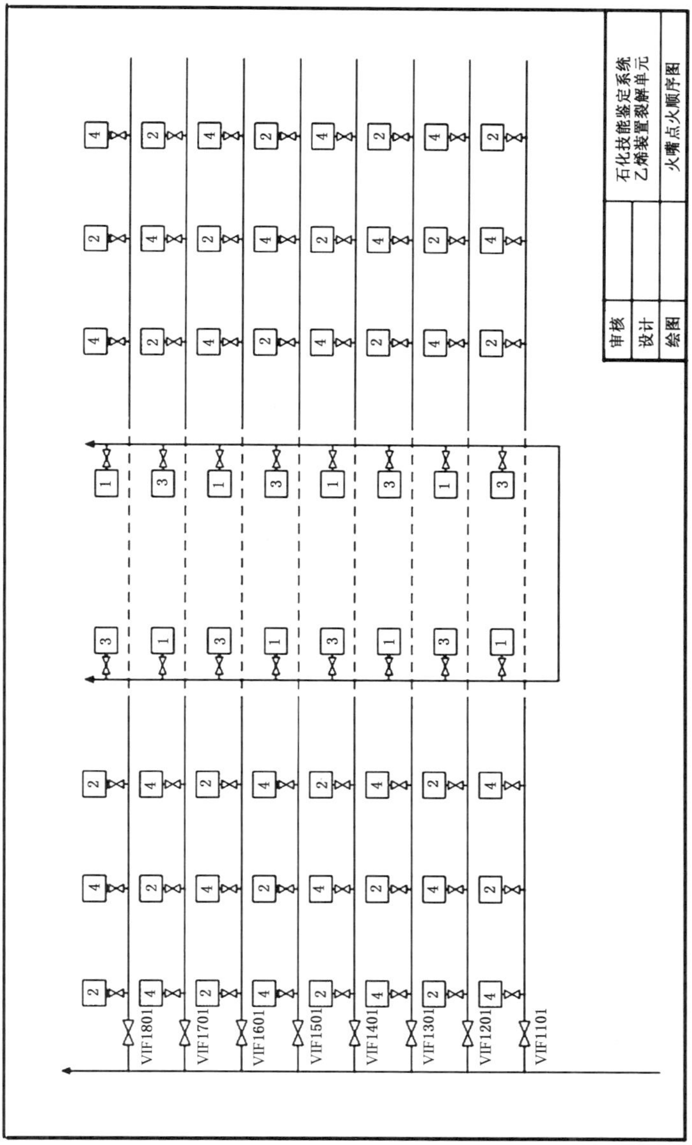

图 5-9 裂解炉火嘴点火顺序图

VX1F101，使 SS 压力升至 12.4MPa（g）后，打开 SS 管线阀 VX2F101，将其并入高压蒸汽管网。

（3）打开 LIC1101，关闭旁路阀 LV1101B。

（4）将汽包液位 LIC1101 控制在 60%投自动。

（5）根据工艺条件投用相应的联锁。

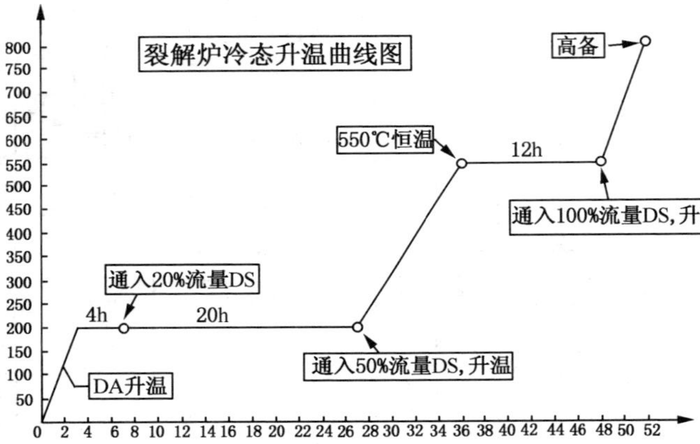

图 5-10　裂解炉升温曲线图

注：加热过程中实际的时间对应仿真时钟比为：1h∶15s

（四）连接急冷部分（当急冷系统具备接收裂解气状态时）

（1）将 COT 温度 TIC1104 稳定在 760℃后，关闭清焦线手阀 VI4F101，打开裂解气输送线手阀 VI3F101，将流出物从清焦线切换至输送线。

（2）迅速打开急冷油总管阀门 TV1102 和 TV1103。

（3）接急冷油，投用急冷器出口温度控制 TIC1102，TIC1103，将急冷器出口温度 TIC1102，TIC1103 控制在 213℃。

（五）投油操作

（1）打开石脑油进料阀 VI1F101 及电磁阀 XV1001。

（2）经过 FIC1101～FIC1104 阀门投石脑油，通过 PIC1104、

PIC1105 增加燃料气压力，保持 COT 不低于 760℃，并迅速升温至 832℃。

（3）在尽可能短的时间内将进料量增加到正常值 FIC1110 控制在 36.0t/h。

（4）迅速关闭 DS 原料跨线阀门 VI2E103。

（5）将石脑油裂解的 COT 增加至正常操作温度，TIC1104 控制在 832℃。并迅速将 DS 减至正常值 FIC1105～FIC1106 控制在 4.5t/h。同时将 COT 稳定在 832℃，并将 TIC1104、PIC1104 投串级控制。

二、急冷系统的开车

1. 引 QW 和 QW 的加热

（1）打开 T103 脱盐水阀 VX1T103 向塔里补入精制水，当塔液位达 80%时，启动 QW 水泵，建立 QW 循环。打开 PDC1402，投用压差控制阀。

QW 循环流程为：泵出口→各用户→FIC1401，FIC1402 回塔里。

（2）当急冷水泵外送时，可以适当补脱盐水入塔里，直到塔液位不下降，保证塔内水液位 80%或更高，然后停脱盐水补入。

（3）QW 水的加热：

① 将 T104 的 LS 跨塔顶蒸汽线阀 VX1E110 打开，稍开 FIC1501 阀，对 T104 暖塔。

② 塔暖好后，开大跨线阀，LS 至 T103，与 FIC1401、FIC1402 返回水混合后加热急冷水。

③ 急冷水到 80℃左右，LS 线去 T104 顶跨线关闭，FIC1501 阀稍开一些，T103 急冷水温度可以通过冷却器来控制。

（4）T103 的压力设定至 20kPa 左右 。

（5）103 汽油槽接汽油至 90%液位（NAP）。

2. 引开工 QO 和 QO 的加热

(1) 打开现场的开工油补入阀门 VX1T101，将开工油装入 T101 塔里，塔液位达到 60%时，启动 P101，流程设定如下：

P101 → E104 → E105 → E106 → T101。控制 T101 的液位在 80%。

(2) 当急冷油泵外送时，可以视情况向塔里补入开工油，直到塔液位稳定在 80%左右，停止开工油的注入。

(3) QO 的加热。

① 通过开 PIC1501，将 E104E 输水线阀 VI1E104 打开，使 DS 逆向进入 E104 壳层(注意 E104 升汽线阀 VI3E104 关)。

② 缓慢加热 QO 直到 130℃左右，并控制温度在 130℃左右，具备接收裂解气的条件。

③ 当 T101 顶温达到 90℃时，可启用汽油回流，控制塔顶温度，防止轻组分挥发。

3. 调节准备接收裂解气

(1) QO 循环正常，温度加热至 130℃左右；

(2) QW 循环正常，QW 加热至 80℃左右；

(3) 汽油槽接汽油至 90%液位(NAP)；

(4) 调整 T102 底部汽提蒸汽量，温度升至 130℃以上；

(5) 控制压差控制阀 PDC1402 压差为 0.7MPa，保证换热器换热稳定；

(6) T104 投用，P105 正常备用，FV1501 稍开一些；

① 启动 P105，将工艺水引至 T104。

② 投用 T104 再沸器，控制温度 TIC1501 至 118℃左右。

③ 通过 QW 循环水的水量，控制 T103 温度在 85℃左右。

(7) D102 发生器系统正常。

4. 急冷接收裂解气的调整

(1) 当裂解气进入 T101 塔后，调整汽油回流，控制顶温在 104℃左右，调整 T101 中部回流，控制油冷塔塔釜液位、塔釜温度、塔中点温度，及时采出柴油。

（2）打开各用户返回 T103 手操阀。T103 控制顶温在 28℃左右，釜温在 85℃左右，QW 冷却器投用，控制液位在 60%，汽油槽液位为 70%，不够时补入 NAP。

（3）汽油外采流程打通，T103 塔压力控制在 20kPa。

（4）T104 系统，调整塔的汽提蒸汽和再沸器，控制塔釜液位、温度。

（5）当 QO 温度至 160℃时，投用稀释蒸汽发生系统。E104 进水阀打开，启动 P106 缓慢进水至 D102，注意调整 DS 压力和液位。

（6）当 T101 液位>80%时，投用 T102 塔，调节 FIC1301，FIC1302 控制好 FO 塔温度，投用 E107，控制 FO 外送温度为 80℃。

第五节 其他工况操作

一、热态开车

开车前的状态：装置处于蒸汽热备用状态。

（一）裂解炉热态开车

1. 连接急冷部分(当急冷系统具备接收裂解气状态时)

（1）在 COT 温度 TIC1104 稳定在 760℃后，关闭清焦线手阀 VI4F101，打开裂解气输送线手阀 VI3F101，将流出物从清焦线切换至输送线。

（2）迅速打开急冷油总管阀门 TV1102 和 TV1103。

（3）投用急冷油，投用急冷器出口温度控制 TIC1102，TIC1103，将急冷器出口温度 TIC1102，TIC1103 控制在 213℃。

2. 投油操作

（1）打开石脑油进料阀 VI1F101 及电磁阀 XV1001。

（2）经过 FIC1101～FIC1104 阀门投石脑油，通过 PIC1104，PIC1105 增加燃料气压力，保持 COT 不低于 760℃，并升温至 832℃。

（3）在尽可能短的时间内将进料量增加到正常值 FIC1110 控制在 36.0t/h。

（4）迅速关闭 DS 原料跨线阀门 VI2E103。

（5）将石脑油裂解的 COT 增加至正常操作温度 TIC1104 控制在 832℃，并将 DS 减至正常值 FIC1105～FIC1106 控制 4.5 t/h。将 COT 稳定在 832℃，并将 TIC1104，PIC1104 投串级控制。

（二）急冷系统热态开车

1. 调节准备接收裂解气

（1）QO 循环正常，温度加热至 130℃左右；

（2）QW 循环正常，QW 加热至 80℃左右；

（3）汽油槽接汽油至 90%液位（NAP）；

（4）调整 T102 底部汽提蒸汽量，温度升至 130℃以上；

（5）控制压差控制阀 PDC1402 压差为 0.7MPa，保证换热器换热稳定；

（6）T104 投用，P105 正常备用，FV1501 稍开一些；

① 启动 P105，将工艺水引至 T104。

② 投用 T104 再沸器，控制温度 TIC1501 在 118℃左右。

③ 通过 QW 循环水的水量，控制 T103 温度在 85℃左右。

（7）D102 发生器系统正常。

2. 急冷接收裂解气的调整

（1）当裂解气进入 T101 塔后，调整汽油回流，控制顶温在（104±3）℃，调整 T101 中部回流，控制油冷塔塔釜液位、塔釜温度、塔中点温度，及时采出柴油。

（2）打开各用户返回 T103 手操阀。T103 控制顶温在 28℃左右，釜温在 85℃左右，QW 冷却器投用，控制液位在 60%，汽油槽液位为 70%，不够时补入 NAP。

（3）汽油外采流程打通，T103 塔顶压力控制在 20kPa。

（4）T104 系统，调整塔的汽提蒸汽和再沸器，控制塔釜液位在 60%和温度正常。

（5）当 QO 温度 TI1208 至 160℃时，投用稀释蒸汽发生系统。E104 进水阀打开，启动 P106 缓慢进水至 D102，注意调整 DS 压力和液位。

（6）当 T101 液位>60%时，投用 T102 塔，调节 FIC1301、FIC1302 控制好 FO 塔温度，投用 E107，控制 FO 外送温度为 80℃。

二、正常运行

开始时的状态：装置处于正常操作状态。

维持各参数在正常操作条件下。（参看操作参数列表）

三、正常停车

（一）裂解炉停车

1. 降负荷、停烃进料

（1）逐步将烃进料降低至 70%，同时适当加大 DS 流量至 120%，适当降低 COT 温度至 800℃。

（2）停烃进料：在 5～10min 内减少至零，同时提高 DS 流量，以控制炉出口温度稳定在 760～800℃之间，同时按点火相反的顺序熄灭部分火嘴。

（3）停进料后，关烃进料隔离阀 VI1F101，打开 VI2E103 用蒸汽吹扫隔离阀下游的烃进料管线。

（4）将 DS 增至设计量的 180%维持炉出口温度在 760～800℃，同时调节风门以控制炉膛负压在−30Pa 左右，控制烟气氧含量。

（5）停急冷油，打开清焦管线阀 VI4F101，同时关闭裂解气总管阀 VI3F101。

2. 停炉

（1）保持设计值 100%的 DS 量。冷却速度为 50～100℃/min，直至 COT 达 760℃。

（2）逐个熄灭火嘴。按 50～100℃/min 的速率，当 COT 温度低于 400℃时将 TLE 的蒸汽包排放至常压。SS 改由消音器 VX1F101 放空，注意汽包液位。

（3）继续熄灭火嘴，且减小 DS 量，当炉管出口温度低于 200℃时，中断 DS，全关烧嘴，关燃料气截止阀 VI5F101、VI6F101、DS 截止阀 VI1F101，关汽包消音器阀 VX1F101。关汽包进水阀 VI1D101。

（二）急冷系统停车

1. 降负荷降进料

（1）随着裂解炉系统的降负荷（至 70%），逐步减少 T101 柴油的采出和 T102 的汽提蒸汽。

（2）在降负荷期间，控制 T101、T102、T103、T104 和 D102 液位，并维持正常的温度和压力。

（3）DS 不足时，直接从管网补入。

（4）裂解炉停进料后，停 T101 柴油采出。

2. 急冷系统停车

（1）当裂解炉停进料后，T101 继续回流降温。在 T101 釜温降至 150℃之前，尽量将 T101 釜液排至 T102，并从 T102 排出。当 T101 液位降至 5%左右时，再补充开工油至 T101，使其液位升至 60%左右。

（2）关闭 T103 顶部裂解气至压缩工段阀门，改由排放控制压力，当压力不足时，可以补入氮气控制压力。

（3）当 T101 温度低于 90℃后，将 T101 釜液向 T102 排放，当 T101 液位降至 30%时，停止向 T102 进料，同时停 T102 汽提蒸汽。

（4）当 F101 停进 DS 后，注意 T103、T104 和 D102 的液位

过低时停塔底泵。

① 关闭各用户返回 T103 手操阀。

② 停 T104 再沸器及汽提蒸汽。

③ 当 T103 液位低于 30%时，停 P105。

④ 当 T103 液位低于 30%时，停 P104。

⑤ 当 T104 液位低于 30%时，停 P106。

（5）当 T101 釜温降至 90℃以下时，停止汽油回流。

（6）逐步减小 T101 的 QO 循环，T101 釜温降至 130℃后，停 P101。

（7）逐步降低 T103 的 QW 循环量，当 T103 温度降至 40℃后，停 P103，停止循环。

（8）泄液：

① 将 T101 塔釜残液排尽，关闭排泄阀门。

② 将 T102 塔釜残液排尽，关闭排泄阀门。

③ 将 T103 塔釜油和水排尽，关闭排泄阀门。

④ 将 T104 塔釜残液排尽，关闭排泄阀门。

⑤ 将 D102 底部水排尽，关闭排泄阀门。

⑥ 将 E106 底部水排尽，关闭排泄阀门。

（9）泄压：

① 通过 T103 塔顶放空，将 T101、T102、T103 和 T104 压力泄至常压。

② 通过 D102 顶部排放，将 D102 压力泄至常压。

第六节　事 故 处 理

一、全装置停电

1. 事故原因

电源故障。

2. 事故现象

装置停电，乙烯装置联锁停车。

3. 事故处理

（1）裂解炉系统处理：

① 关烃进料隔离阀 VI1F101，所有燃料（长明线除外）全部关闭，将 DS 流量设定到正常的 100%，炉底和侧壁烧嘴全部关闭。

② 调节引风机挡板将炉膛负压控制在工艺范围之内。

③ 打开进料蒸汽跨线阀 VI2E103 用蒸汽吹扫隔离阀下游的烃进料管线。

④ 打开清焦管线阀 VI4F101，同时关裂解气总管阀 VI3F101。

⑤ 当 COT 温度低于 400℃时将 TLE 的蒸汽包排放至常压。SS 改由消音器 VX1F101 放空，注意汽包液位。

⑥ 当炉管出口温度低于 200℃时，中断 DS，关燃料气截止阀，DS 截止阀，关汽包消音器阀 VX1F101。关汽包进水阀 VI1D101。

（2）急冷系统处理：

① 停 T101 柴油采出，维持 T101 液位。

② 停止 T102 底部汽提蒸汽，维持 T102 液位。

③ 现场关闭 T103 中部各用户返回物料手操阀。T103 压力改为放空控制，保压。维持 T103 液位和界位。

④ 停止 T104 塔釜的汽提蒸汽，停用 T104 再沸器 E111，保持 T104 液位。

⑤ 维持 D102 压力，供给裂解炉 DS 不足时由管网中补入。待裂解炉停 DS 后，D102 保液、保压。

二、冷却水中断

1. 事故原因

冷却水中断。

2. 事故现象

冷却水中断，水冷器后温度上升。

3. 事故处理

（1）裂解炉系统处理：

① 关烃进料隔离阀 VI1F101，所有燃料(长明线除外)全部关闭，将 DS 流量设定到正常的 100%，炉底和侧壁烧嘴全部关闭。

② 调节引风机挡板将炉膛负压控制在工艺范围之内。

③ 打开进料蒸汽跨线阀 VI2E103 用蒸汽吹扫隔离阀下游的烃进料管线。

④ 停急冷油，打开清焦管线阀 VI4F101，同时关裂解气总管阀 VI3F101。

⑤ 当 COT 温度低于 400℃时将 TLE 的蒸汽包排放至常压。SS 改由消音器 VX1F101 放空，注意汽包液位。

⑥ 当炉管出口温度低于 200℃时，中断 DS，关燃料气截止阀，DS 截止阀，关汽包消音器阀 VX1F101。关汽包进水阀 VI1D101。

（2）急冷系统处理：

① 停 T101 柴油采出。

② 在 T101 釜温下降至 150℃之前，尽快将釜液排至 T102，并从 T102 底部排出。液位降至低于 5%时，补入开工油至液位 60%。

③ T101 釜温通过 QO 的循环来降温，当塔顶温度降到 90℃左右时，停汽油回流；当塔釜温度降到 130℃左右时，停 P101，停 QO 循环。

④ 停止 T102 底部汽提蒸汽，维持 T102 液位。

⑤ 现场关闭 T103 中部各用户返回物料手操阀。T103 压力改为放空控制，保压。保持 T103 的油相和水相液位不低于 40%。必要时停 P104 和 P105，停 P103，停止 QW 循环。

⑥ 停止 T104 塔釜的汽提蒸汽，停用 T104 再沸器 E111，保持 T104 液位在 40%左右，停 P106。

⑦ 维持 D102 压力，供给裂解炉 DS 不足时由管网中补入。待裂解炉停 DS 后，D102 保液、保压。

三、锅炉给水故障

1. 事故原因

锅炉给水中断。

2. 事故现象

锅炉给水中断。

3. 事故处理

（1）裂解炉系统处理方法：

① 关烃进料隔离阀 VI1F101，所有燃料(长明线除外)全部关闭，将 DS 流量设定到正常的 100%，炉底和侧壁烧嘴全部关闭。

② 调节引风机挡板将炉膛负压控制在工艺范围之内。

③ 打开进料蒸汽跨线阀 VI2E103 用蒸汽吹扫隔离阀下游的烃进料管线。

④ 停急冷油，打开清焦管线阀 VI4F101，同时关裂解气总管阀 VI3F101。

⑤ 当 COT 温度低于 400℃时将 TLE 的蒸汽包排放至常压。SS 改由消音器 VX1F101 放空，注意汽包液位。

⑥ 当炉管出口温度低于 200℃时，中断 DS，关燃料气截止阀，DS 截止阀，关汽包消音器阀 VX1F101。关汽包进水阀 VI1D101。

（2）急冷系统处理：

① 在 T101 釜温下降至 150℃之前，尽快将釜液排至 T102，并从 T102 底部排出。液位降至低于 5%时，补入开工油至液位 60%。

② T101 釜温通过 QO 的循环来降温，当塔釜温度降到 130℃时，停 P101，停 QO 循环。

③ 停止 T102 底部汽提蒸汽，维持 T102 液位。

④ 维持 T103 的液位。

⑤ 现场关闭 T103 中部各用户返回物料手操阀。T103 压力改为放空控制，保压。保持 T103 的油相和水相液位不低于 40%。必要时停 P104 和 P105，停 P103，停止 QW 循环。

⑥ 停止 T104 塔釜的汽提蒸汽，停用 T104 再沸器 E111，保持 T104 液位在 40%左右，停 P106。

⑦ 维持 D102 压力，供给裂解炉 DS 不足时由管网中补入。待裂解炉停 DS 后，D102 保液、保压。

四、压缩工段故障

1. 事故原因

压缩工段出现故障，压缩机停。

2. 事故现象

水冷塔压力升高。

3. 事故处理

① 压缩机停车后，裂解气由 PIC1401 放火炬控制，降低裂解炉的负荷到 70%，同时降裂解炉出口温度，提高 DS 流量。

② 维持燃料气的供应。

③ QO、QW 系统维持循环运行，QO、QW 循环操作，根据裂解炉减量情况，控制 T101、T102、T103、T104 和 D102 在 70%负荷运行。调整维持 T101、T102、T103、T104 塔釜、塔顶温度、压力。

④ 如果压缩工段无法恢复正常，裂解炉停烃进料，系统停车至处于高备状态。维持急冷系统油、水循环，系统处于高备状态。

五、脱盐水中断

1. 事故原因

裂解炉脱盐水中断。

2. 事故现象

SS 高压蒸汽温度升高。

3. 事故处理

（1）裂解炉系统处理：

① 关烃进料隔离阀 VI1F101，所有燃料（长明线除外）全部关闭，将 DS 流量设定到正常的 100%，炉底和侧壁烧嘴全部关闭。

② 调节引风机挡板将炉膛负压控制在工艺范围之内。

③ 打开进料蒸汽跨线阀 VI2E103 用蒸汽吹扫隔离阀下游的烃进料管线。

④ 停急冷油，打开清焦管线阀 VI4F101，同时关裂解气总管阀 VI3F101。

⑤ 当 COT 温度低于 400℃ 时将 TLE 的蒸汽包排放至常压。SS 改由消音器 VX1F101 放空，注意汽包液位。

⑥ 当炉管出口温度低于 200℃ 时，中断 DS，关燃料气截止阀，DS 截止阀，关汽包消音器阀 VX1F101。关汽包进水阀 VI1D101。

（2）急冷系统处理：

① 停 T101 柴油采出。

② T101 釜温下降至 150℃ 之前，尽快将釜液排至 T102，并从 T102 底部排出。液位降至低于 5% 时，补入开工油至液位 60%。

③ T101 釜温通过 QO 的循环来降温，当塔顶温度降到 90℃ 左右时，停汽油回流；当塔釜温度降到 130℃ 左右时，停 P101，停 QO 循环。

④ 停止 T102 底部汽提蒸汽，维持 T102 液位。

⑤ 现场关闭 T103 中部各用户返回物料手操阀。T103 压力改为放空控制，保压。保持 T103 的油相和水相液位不低于 40%。必要时停 P104 和 P105，停 P103，停止 QW 循环。

⑥ 停止 T104 塔釜的汽提蒸汽，停用 T104 再沸器 E111，保持 T104 液位在 40%左右，停 P106。

⑦ 维持 D102 压力，供给裂解炉 DS 不足时由管网中补入。待裂解炉停 DS 后，D102 保液、保压。

六、急冷油中断(泵 A 坏掉)

1. 事故原因

急冷油泵故障。

2. 事故现象

急冷器出口裂解气温度升高。

3. 事故处理

① 启动备泵。

② 维持急冷系统各塔及蒸汽发生器的温度和压力。

七、蒸汽中断

1. 事故原因

公用工程事故，蒸汽中断。

2. 事故现象

稀释蒸汽中断，中压蒸汽和低压蒸汽中断。

3. 事故处理

(1) 裂解炉系统处理：

① 手动将裂解炉联锁停车。

② 关烃进料隔离阀 VI1F101，所有燃料(长明线除外)全部关闭，炉底和侧壁烧嘴全部关闭。

③ 调节引风机挡板将炉膛负压控制在工艺范围之内。

④ 停急冷油，打开清焦管线阀 VI4F101，同时关裂解气总管阀 VI3F101。

⑤ 当 COT 温度低于 400℃时，将 TLE 的蒸汽包排放至常压。SS 改由消音器 VX1F101 放空，注意汽包液位。

⑥ 炉管出口温度低于 200℃时，关燃料气截止阀，关汽包消音器阀 VX1F101。关汽包进水阀 VI1D101。

（2）急冷系统处理：

① 停 T101 柴油采出。

② 在 T101 釜温下降至 150℃之前，尽快将釜液排至 T102，并从 T102 底部排出。液位降至低于 5%时，补入开工油至液位 60%。

③ T101 釜温通过 QO 的循环来降温，当塔顶温度降到 90℃左右，停汽油回流；当塔釜温度降到 130℃左右，停 P101，停 QO 循环。

④ 停止 T102 底部汽提蒸汽，维持 T102 液位。

⑤ 现场关闭 T103 中部各用户返回物料手操阀。T103 压力改为放空控制，保压。保持 T103 的油相和水相液位不低于 40%。必要时停 P104 和 P105，停 P103，停止 QW 循环。

⑥ 保持 T104 液位在 40%左右，停 P106。

⑦ D102 保液、保压。

八、石脑油进料中断

1. 事故原因

石脑油进料中断。

2. 事故现象

石脑油进料中断，进料压力下降。

3. 事故处理

（1）裂解炉系统处理：

① 关烃进料隔离阀 VI1F101，所有燃料（长明线除外）全部

关闭，将 DS 流量设定到正常的 100%，炉底和侧壁烧嘴全部关闭。

② 调节引风机挡板将炉膛负压控制在工艺范围之内。

③ 打开进料蒸汽跨线阀 VI2E103 用蒸汽吹扫隔离阀下游的烃进料管线。

④ 停急冷油，打开清焦管线阀 VI4F101，同时关裂解气总管阀 VI3F101。

⑤ 当 COT 温度低于 400℃时，将 TLE 的蒸汽包排放至常压。SS 改由消音器 VX1F101 放空，注意汽包液位。

⑥ 当炉管出口温度低于 200℃时，中断 DS，关燃料气截止阀，DS 截止阀，关汽包消音器阀 VX1F101。关汽包进水阀 VI1D101。

（2）急冷系统处理：

① 停 T101 柴油采出。

② 在 T101 釜温下降至 150℃之前，尽快将釜液排至 T102，并从 T102 底部排出。液位降至低于 5%时，补入开工油至液位 60%。

③ T101 釜温通过 QO 的循环来降温，当塔顶温度降到 90℃左右时，停汽油回流；当塔釜温度降到 130℃左右时，停 P101，停 QO 循环。

④ 停止 T102 底部汽提蒸汽，维持 T102 液位。

⑤ 现场关闭 T103 中部各用户返回物料手操阀。T103 压力改为放空控制，保压。保持 T103 的油相和水相液位不低于 40%。必要时停 P104 和 P105，停 P103，停止 QW 循环。

⑥ 停止 T104 塔釜的汽提蒸汽，停用 T104 再沸器 E111，保持 T104 液位在 40%左右，停 P106。

⑦ 维持 D102 压力，供给裂解炉 DS 不足时由管网中补入。待裂解炉停 DS 后，D102 保液、保压。

九、燃料气中断

1. 事故原因

燃料气中断。

2. 事故现象

燃料气中断。

3. 事故处理

（1）裂解炉系统处理：

① 因燃料气中断而联锁跳闸，关烃进料隔离阀 VI1F101，所有燃料（长明线除外）全部关闭，将 DS 流量设定到正常的 100%，炉底和侧壁烧嘴全部关闭。

② 调节引风机挡板将炉膛负压控制在工艺范围之内。

③ 打开进料蒸汽跨线阀 VI2E103 用蒸汽吹扫隔离阀下游的烃进料管线。

④ 停急冷油，打开清焦管线阀 VI4F101，同时关裂解气总管阀 VI3F101。

⑤ 当 COT 温度低于 400℃时，将 TLE 的蒸汽包排放至常压。SS 改由消音器 VX1F101 放空，注意汽包液位。

⑥ 当炉管出口温度低于 200℃时，中断 DS，关燃料气截止阀，DS 截止阀，关汽包消音器阀 VX1F101。关汽包进水阀 VI1D101。

（2）急冷系统处理：

① 停 T101 柴油采出。

② 在 T101 釜温下降至 150℃之前，尽快将釜液排至 T102，并从 T102 底部排出。液位降至低于 5%时，补入开工油至液位 60%。

③ T101 釜温通过 QO 的循环来降温，当塔顶温度降到 90℃左右时，停汽油回流；当塔釜温度降到 130℃左右时，停 P101，停 QO 循环。

④ 停止 T102 底部汽提蒸汽，维持 T102 液位。

⑤ 现场关闭 T103 中部各用户返回物料手操阀。T103 压力改为放空控制，保压。保持 T103 的油相和水相液位不低于 40%。必要时停 P104 和 P105，停 P103，停止 QW 循环。

⑥ 停止 T104 塔釜的汽提蒸汽，停用 T104 再沸器 E111，保持 T104 液位在 40%左右，停 P106。

⑦ 维持 D102 压力，供给裂解炉 DS 不足时由管网中补入。待裂解炉停 DS 后，D102 保液、保压。

十、裂解炉辐射段炉管烧穿

1. 事故原因

（1）裂解炉材质问题；

（2）裂解炉严重结焦，急剧降温。

2. 事故现象

裂解炉炉管破裂时，炉膛温度迅速上升，炉出口 COT 迅速上升。

3. 事故处理

（1）裂解炉系统处理：

① 手动进行联锁停车。

② 关烃进料隔离阀 VI1F101，所有燃料(长明线除外)全部关闭，将 DS 流量设定到正常的 100%，炉底和侧壁烧嘴全部关闭。

③ 调节引风机挡板将炉膛负压控制在工艺范围之内。

④ 打开进料蒸汽跨线阀 VI2E103 用蒸汽吹扫隔离阀下游的烃进料管线。

⑤ 停急冷油，打开清焦管线阀 VI4F101，同时关裂解气总管阀 VI3F101。

⑥ 当 COT 温度低于 400℃时，将 TLE 的蒸汽包排放至常压。SS 改由消音器 VX1F101 放空，注意汽包液位。

⑦ 当炉管出口温度低于200℃时,中断DS,关燃料气截止阀,DS截止阀,关汽包消音器阀VX1F101。关汽包进水阀VI1D101。

(2) 急冷系统处理:

① 停T101柴油采出。

② 在T101釜温下降至150℃之前,尽快将釜液排至T102,并从T102底部排出。液位降至低于5%时,补入开工油至液位60%。

③ T101釜温通过QO的循环来降温,当塔顶温度降到90℃左右,停汽油回流;当塔釜温度降到130℃左右,停P101,停QO循环。

④ 停止T102底部汽提蒸汽,维持T102液位。

⑤ 现场关闭T103中部各用户返回物料手操阀。T103压力改为放空控制,保压。保持T103的油相和水相液位不低于40%。必要时停P104和P105,停P103,停止QW循环。

⑥ 停止T104塔釜的汽提蒸汽,停用T104再沸器E111,保持T104液位在40%左右,停P106。

⑦ 维持D102压力,供给裂解炉DS不足时由管网中补入。待裂解炉停DS后,D102保液、保压。

十一、引风机故障

1. 事故原因

停电,引风机跳闸。

2. 事故现象

引风机停。

3. 事故处理

(1) 裂解炉系统处理:

① 关烃进料隔离阀VI1F101,所有燃料(长明线除外)全部关闭,将DS流量设定到正常的100%,炉底和侧壁烧嘴全部关闭。

② 调节引风机挡板将炉膛负压控制在工艺范围之内。

③ 打开进料蒸汽跨线阀 VI2E103 用蒸汽吹扫隔离阀下游的烃进料管线。

④ 停急冷油，打开清焦管线阀 VI4F101，同时关裂解气总管阀 VI3F101。

⑤ 当 COT 温度低于 400℃时，将 TLE 的蒸汽包排放至常压。SS 改由消音器 VX1F101 放空，注意汽包液位。

⑥ 当炉管出口温度低于 200℃时，中断 DS，关燃料气截止阀，DS 截止阀，关汽包消音器阀 VX1F101。关汽包进水阀 VI1D101。

（2）急冷系统处理：

① 停 T101 柴油采出。

② 在 T101 釜温下降至 150℃之前，尽快将釜液排至 T102，并从 T102 底部排出。液位降至低于 5%时，补入开工油至液位 60%。

③ T101 釜温通过 QO 的循环来降温，当塔顶温度降到 90℃左右，停汽油回流；当塔釜温度降到 130℃左右，停 P101，停 QO 循环。

④ 停止 T102 底部汽提蒸汽，维持 T102 液位。

⑤ 现场关闭 T103 中部各用户返回物料手操阀。T103 压力改为放空控制，保压。保持 T103 的油相和水相液位不低于 40%。必要时停 P104 和 P105，停 P103，停止 QW 循环。

⑥ 停止 T104 塔釜的汽提蒸汽，停用 T104 再沸器 E111，保持 T104 液位在 40%左右，停 P106。

⑦ 维持 D102 压力，供给裂解炉 DS 不足时由管网中补入。待裂解炉停 DS 后，D102 保液、保压。

十二、项目列表

项目列表见表 5-7。

表 5-7　项目列表

序号	项目名称	项目描述	处理办法
1	正常开工	冷态初态	同操作规程
2	热态开车		同操作规程
3	正常运行		同操作规程
4	正常停车		同操作规程
5	全装置停电	事故	同操作规程
6	冷却水中断	事故	同操作规程
7	锅炉给水故障	事故	同操作规程
8	压缩工段故障	事故	同操作规程
9	无磷水中断	事故	同操作规程
10	急冷油中断(泵 A 坏)	事故	同操作规程
11	蒸汽中断	事故	同操作规程
12	石脑油进料中断	事故	同操作规程
13	燃料气中断	事故	同操作规程
14	裂解炉辐射段炉管烧穿	事故	同操作规程
15	引风机故障	事故	同操作规程
16	冷态(P101AH/TV1402K)	冷态：泵 P101A 坏/阀 TV1402 失灵	见备注
17	冷态(FV1205K/LV1401K/TIC1301P)	冷态：阀 FV1205 失灵/阀 LV1401 失灵/TIC1301 漂移	见备注
18	冷态(P106AH/LV1203K)	冷态：泵 P106A 坏/阀 LV1203 失灵/	见备注
19	冷态(P105AH/FV1502K/TV1105K)	冷态：泵 P105A 坏/阀 FV1502 失灵/阀 TV1105 失灵	见备注
20	冷态(LV1501K/FV1105K)	冷态：阀 LV1501 失灵/阀 FV1105 失灵	见备注

续表

序号	项目名称	项目描述	处理办法
21	冷态（FV1506K/PV1101K/LV1202K）	冷态：阀 FV1506 失灵/阀 PV1101 失灵/阀 LV1202 失灵	见备注
22	冷态（P103AH/FV1302K/PV1104K）	冷态：泵 P103A 坏/阀 FV1302 失灵/阀 PV1104 失灵	见备注
23	冷态（P104AH/P104BH/FV1105K/LV1501K）	冷态：泵 P104A 坏/泵 P104B 坏/阀 FV1105 失灵/阀 LV1501 失灵	见备注
24	冷态(LV1401K)	冷态：阀 LV1401 失灵	见备注
25	冷态（P106AH/FV1202K）	冷态：泵 P106A 坏/阀 FV1202 失灵	见备注
26	冷态（FV1501K /TV1301K）	冷态：阀 FV1501 失灵/阀 TV1301 失灵	见备注
27	冷态(P105AH/P105AH/PV1105K/LV1502K)	冷态：泵 P105A 坏/阀 PV1105 失灵/阀 TV1402 失灵/阀 LV1101 失灵/阀 LV1502 失灵	见备注
28	热态（P102AH/TV1102K/FV1506K）	热态：泵 P102A 坏/阀 TV1102 失灵/阀 FV1506 失灵	见备注
29	热态（FV1205K/LV1301K）	热态：阀 FV1205 失灵/阀 LV1301 失灵	见备注
30	热态（TV1106K/FV1502K）	热态：阀 TV1106 失灵/阀 FV1502 失灵	见备注
31	热态（FV1401K/TV1401K）	热态：阀 FV1401 失灵/阀 TV1401 失灵	见备注
32	热态（P103AH/LV1101K/FV1402K）	热态：泵 P103A 坏/阀 LV1101 失灵/阀 FV1402 失灵	见备注

续表

序号	项目名称	项目描述	处理办法
33	热态（P104AH/LV1502K）	热态：泵 P104A 坏/阀 LV1502 失灵	见备注
34	热态（P105AH/LV1101K/LIC1201K）	热态：泵 P105A 坏/阀 LV1101 失灵/阀 LIC1201 失灵	见备注
35	热态（P106AH/FV1205K/PV1101K/LV1202K）	热态：泵 P106A 坏/阀 FV1205 失灵/阀 PV1101 失灵/阀 LV1202 失灵	见备注
36	热态（P101AH/LV1501K）	热态：泵 P101A 坏/阀 LV1501 失灵	见备注
37	热态（FV1501K/TV1402K）	热态：阀 FV1501 失灵/阀 TV1402 失灵	见备注
38	热态（FV1502K/LV1203K）	热态：阀 FV1502 失灵/阀 LV1203 失灵	见备注
39	热态（LV1202K/PV1104K）	热态：阀 LV1202 失灵/阀 PV1104 失灵	见备注
40	正常(停电)	正常：停电	同操作规程
41	正常(冷却水中断)	正常：冷却水中断	同操作规程
42	正常(锅炉给水中断)	正常：锅炉给水中断	同操作规程
43	正常(脱盐水中断)	正常：脱盐水中断	同操作规程
44	正常(压缩工段故障)	正常：压缩工段故障	同操作规程
45	正常(急冷油中断)	正常：急冷油中断	同操作规程
46	正常(蒸汽中断)	正常：蒸汽中断	同操作规程
47	正常（石脑油进料中断）	正常：石脑油进料中断	同操作规程
48	正常（裂解炉炉管烧穿）	正常：裂解炉炉管烧穿	同操作规程
49	正常(引风机中断)	正常：引风机中断	同操作规程
50	正常(停电/LV1101K/FV1102K)	正常：停电/LV1101 失灵/FV1102 失灵	同操作规程及备注

续表

序号	项 目 名 称	项 目 描 述	处理办法
51	正常(冷却水中断/LV1501K)	正常：冷却水中断/LV1501 失灵	同操作规程及备注
52	正常(锅炉给水/P103AH/LV1502K)	正常：锅炉给水中断/泵P103A 坏/阀 LV1502 失灵	同操作规程及备注
53	正常(压缩工段故障/LV1101K/V1506K)	正常：压缩工段故障/阀LV1101 失灵/阀 LV1506 失灵	同操作规程及备注
54	正常(脱盐水中断/FV1401K)	正常：脱盐水中断/阀FV1401 失灵	同操作规程及备注
55	正常(急冷油中断/P101BH/FV1501K)	正常：急冷油中断/泵P101B 坏/阀 FV1501 失灵	同操作规程及备注
56	正常(蒸汽中断/FV1401K)	正常：蒸汽中断/阀FV1401 失灵	同操作规程及备注
57	正常(石脑油中断/LV1502K)	正常：石脑油中断/阀LV1502 失灵	同操作规程及备注
58	正常(燃料气中断/FV1203K)	正常：燃料气中断/阀FV1203 失灵	同操作规程及备注
59	正常(裂解炉炉管烧穿/FV1202K/LV1501K)	正常：裂解炉炉管烧穿/阀 FV1202 失灵/阀 LV1501 失灵	同操作规程及备注
60	正常(引风机中断/LV1203K/FV1402K)	正常：引风机中断/阀LV1203 失灵/阀 FV1402 失灵	同操作规程及备注
61	正常(LV101K/TV1102K/PV1104K)	正常：阀 LV101 失灵/阀TV1102 失灵/阀 PV1104 失灵	见备注
62	停车(P103AH)	停车：泵 P103A 坏	见备注
63	停车(FV1205K/LV1501K)	停车：阀 FV1205 失灵/阀 LV1501 失灵	见备注

续表

序号	项 目 名 称	项 目 描 述	处理办法
64	停车（TV1402K/LV1101K/PV1402K）	停车：阀 TV1402 失灵/阀 LV1101 失灵/阀 PV1402 失灵	见备注
65	停车（Y101H/FV1401K/FV1202K）	停车：Y101 坏/阀 FV1401 失灵/阀 FV1202 失灵	见备注
66	正常(燃料气中断)	正常：燃料气中断	同操作规程

备注(处理方法)：

① 阀失灵——处理(用组合键(Ctrl+M)调出处理画面，选中所需处理的阀之后，点击处理，即可修复。下同)。

② 阀漂移——处理。

③ 仪表失灵——处理。

④ 仪表漂移——处理。

⑤ 泵坏——处理或启动备用泵。

⑥ 换热器结垢——启动备用或提高冷却水量 。

⑦ 特定事故：详见操作手册中事故的处理方法。

十三、仿 DCS 操作组画面

仿 DCS 操作组画面见表 5-8、表 5-9。

表 5-8 操作组画面

名 字	仪表 1	仪表 2	仪表 3	仪表 4
GROUP001	FIC1101	FIC1102	FIC1103	FIC1104
GROUP002	FIC1202	FIC1203	FIC1204	FIC1205
GROUP003	FIC1501	FIC1506	FI1111	FI1201
GROUP004	LIC1101	LIC1201	LIC1202	LIC1203
GROUP005	PIC1101	PIC1102	PIC1104	PIC1105
GROUP006	TIC1101	TIC1102	TIC1103	TIC1104
GROUP007	TIC1401	TIC1402	TIC1501	TI1121

续表

名　字	仪表 5	仪表 6	仪表 7	仪表 8
GROUP001	FIC1105	FIC1106	FIC1107	FIC1110
GROUP002	FIC1301	FIC1302	FIC1401	FIC1402
GROUP003	FI1303	FI1404		
GROUP004	LIC1301	LIC1401	LIC1501	LIC1502
GROUP005	PIC1106	PDC1107	PIC1401	PIC1501
GROUP006	TIC1105	TIC1106	TIC1202	TIC1301
GROUP007	TI1118	TI1303	TI1403	TI1508

表 5-9　流程图画面

图　　名	说　　明	备　注
OVERVIEW	裂解单元总貌图	Ctrl+1
GR1001	裂解炉进料系统	Ctrl+2
GR1002	蒸汽发生控制系统	Ctrl+3
GR1003	急冷油控制系统	Ctrl+4
GR1004	裂解炉燃料系统	Ctrl+5
GR1006	油冷塔	Ctrl+6
GR1007	燃料油汽提塔	Ctrl+7
GR1008	水冷塔	Ctrl+8
GR1009	工艺水汽提塔	Ctrl+9
LS001	联锁逻辑辅操台	Ctrl+0
GF1001	裂解炉进料系统现场图	
GF1002	蒸汽发生控制系统现场图	
GF1003	急冷油控制系统现场图	
GF1004	裂解炉燃料系统现场图	
GF1005	裂解炉火嘴分布图	
GF1006	油冷塔现场图	
GF1007	燃料油汽提塔现场图	
GF1008	水冷塔现场图	
GF1009	工艺水汽提塔现场图	

思考题

1. 乙烯裂解的工艺流程是如何满足裂解的工艺条件的？
2. 乙烯裂解的工艺流程是如何进行能量回收的？
3. 油冷塔的作用是什么？
4. 水冷塔的作用是什么？
5. 为保证炉膛温度均匀应如何升温？
6. 炉膛负压应控制在多少，如何控制？
7. 在操作中如何控制烟气氧含量？
8. 如何进行油冷塔的暖塔操作？
9. 如何进行水冷塔的暖塔操作？
10. 如何进行燃料油汽提塔的暖塔操作？
11. 如何进行工艺水汽提塔的暖塔操作？
12. 为什么炉膛升温时要按顺序点火？
13. 如何操作保证炉管不被烧穿？
14. T102 的塔釜温度如何控制？
15. T103 的塔釜温度如何控制？
16. D102 产生的蒸气温度如何控制？
17. D101 的液位如何控制？
18. 为保证升温曲线如何控制 FIC110 - 1104 和 FIC1105-1108？
19. 操作中为什么要投用无磷水？
20. 油直接急冷的温度如何控制？
21. 精馏塔开车时为什么要全回流？
22. 开车前的准备工作有哪些？
23. 急冷系统如何调节接受裂解气？
24. 急冷系统如何停车？
25. 过热蒸气是如何产生的？

参 考 文 献

1 沈浚．合成氨．北京:化学工业出版社,2001
2 张成芳．合成氨工艺与节能．上海:华东理工大学出版社,1988
3 陈五平．无机化工工艺(一)合成氨．北京:化学工业出版社,1986
4 侯祥麟．中国炼油技术．北京:中国石化出版社,1991
5 林世雄．石油炼制工程(第三版)．北京:石油化工出版社,2000
6 李淑培．石油加工工艺学．上册．北京:中国石化出版社,2006
7 陈滨．乙烯工学．北京: 化学工业出版社,1997
8 王松汉．乙烯装置技术．北京:中国石化出版社,1994